名偵探柯南的程式設計入門

原作●青山剛昌
漫畫●松田辰彥　監修●Life is Tech, Inc.

歡迎來到程式設計的世界！

你聽過「程式設計」這個詞嗎？幾乎所有由電力驅動的產品，如智慧型手機和遊戲機，即使沒有人直接操控，也能按照事先設定的指令自行運作。

這種指令的集合就是「程式」，而「程式設計」則是編寫這些程式的過程。

在這本書的漫畫內容中，柯南與少年偵探團將透過程式設計找出事件的真相。和柯南他們一起挑戰這個謎題的你，在解開事件的同時，也能親手完成一個遊戲。相信你一定會對這樣有趣的程式設計深深著迷。

現在，就和柯南他們一起踏入程式設計的奇妙世界吧！

PROGRAMMING

一邊推理天才程式設計師的神祕失蹤事件，
一邊學習程式設計吧！

影像提供／PIXTA

認識Scratch ！

聽到「程式設計」你可能會覺得好像很難，不過「Scratch」是大致上用滑鼠簡單操作，就能完成程式設計的唷！

Scratch與必須輸入文字或符號才能進行的程式設計方法不同，只要在網站上組合「積木」，即使是小學生也能製作出遊戲。而且，不用付費就可以使用。你只要準備一台可以連線上網的電腦或平板電腦就行了。那麼，讓我們一起進入Scratch的網站吧！---> https://scratch.mit.edu/

給讀者的提醒

Scratch是由美國麻省理工學院媒體實驗室（MIT Media Lab）終身幼兒園團隊（The Lifelong Kindergarten Group）協助，Scratch集團負責推動開發的專案。透過https://scratch.mit.edu就可以取得。

本書根據截至2025年3月的資料，解說Scratch的操作方法。倘若本書出版之後，Scratch的功能、操作方法、畫面等出現了變動，有可能無法完全按照書中說明的內容進行操作。

書中顯示的畫面是在安裝了「macOS Monterey」作業系統的電腦上，透過「Google Chrome」連線上網來進行操作。如果你使用其他作業系統或瀏覽器，顯示的畫面可能會有些出入，但是基本上都能按照相同的技巧來操作。

本書在出版時已力求內容描述正確，對於因使用本書所衍生出任何直接或間接的損害，作者與本公司概不負責，敬請見諒。

此外，本書出版後發生的使用步驟或服務變更，可能無法提供解答，敬請見諒。

書中記載的公司名稱、產品名稱、服務名稱等，一般都屬於各公司的註冊商標或商標，內文中並未特別註明TM或®標示。

進行準備！開始操作 Scratch！

不用花時間下載應用程式，只要進入網站就能開始操作！馬上準備電腦，跨出進入程式設計世界的第一步吧!!

只要有可以連線上網的電腦就能操作！

Ⓐ

本書將解說使用滑鼠與鍵盤操作Scratch的方法！

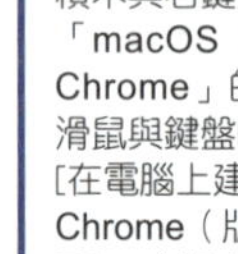

大部分的操作只要用滑鼠就能完成，非常簡單喔！

平板電腦也可以使用Scratch，但部分的操作會不大一樣，例如「點擊」會變成「輕點」，請特別注意！

Ⓑ

請讀者閱讀以下事項！

「Scratch 3.0」是在電腦或平板電腦的網頁瀏覽器上運作。官方支援的網頁瀏覽器如下。請注意！現階段平板電腦無法使用「當某個鍵被按下」積木與右鍵選單。本書使用的是安裝「macOS Monterey」與「Google Chrome」的電腦，來說明如何利用滑鼠與鍵盤的操作來進行程式設計。

[在電腦上建議使用的瀏覽器]
Chrome（版本63以上）
Edge（版本15以上）
Firefox（版本57以上）
Safari（版本11以上）
※不支援Internet Explorer

[在平板電腦上建議使用的瀏覽器]
Mobile Chrome（版本63以上）
Mobile Safari（版本11以上）
※如果有任何關於Scratch的問題，請參考Scratch官方網站的FAQ。
https://scratch.mit.edu/faq

造訪Scratch！

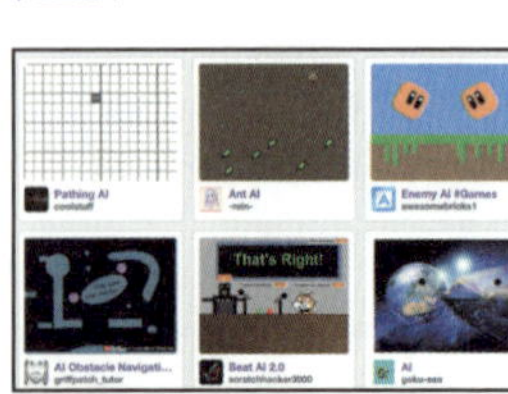

⬆你也可以改編已經公開的作品（請參考135頁）！

⬆為初學者準備了大量的教學影像，請務必參考。

Scratch的首頁畫面

❶ 請見第6～7頁

❹、❺ 請見左頁

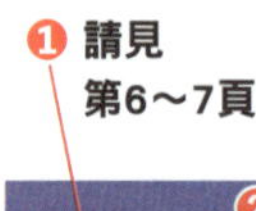

點擊❷可以試玩世界各地的用戶製作的公開遊戲喔！點擊❸則能瀏覽為初學者製作的Scratch教學影片。

影像提供／photolibrary ⒶⒷ

加入 Scratch（=取得帳戶）

加入Scratch雖然很方便，但如果你未滿16歲，需要請家長協助使用家長的電子郵件註冊！

❶點擊「加入Scratch」

❷輸入用戶名稱與密碼

加入 Scratch
創作專案、分享點子、結交朋友，全都免費！
建立用戶名稱
programmingconan
建立密碼
••••••••••••••••••
••••••••••••••••••
顯示密碼
下一步

⬆請和家長仔細討論你的帳戶名稱，避免被別人知道你的真實身分。此外，註冊後的用戶名稱無法更改，要先想好，還要設定不容易忘記的密碼。

❸請依照畫面指示輸入以下內容

Ⓐ 居住的國家與地區
▼
Ⓑ 出生年月
▼
Ⓒ 性別
▼
Ⓓ 輸入電子信箱

※Scratch規定未滿16歲的使用者必須使用家長的電子郵件信箱註冊，帳戶也要由家長管理。

❹ 由Scratch傳送驗證電子郵件

收到Scratch傳送到Ⓓ註冊信箱的確認信之後，只要按照電子郵件的內容，由家長認證該信箱，註冊步驟就完成了。

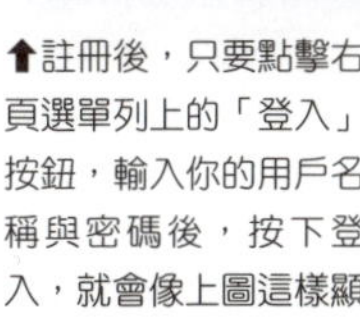

⬆註冊後，只要點擊右頁選單列上的「登入」按鈕，輸入你的用戶名稱與密碼後，按下登入，就會像上圖這樣顯示你的用戶名稱。

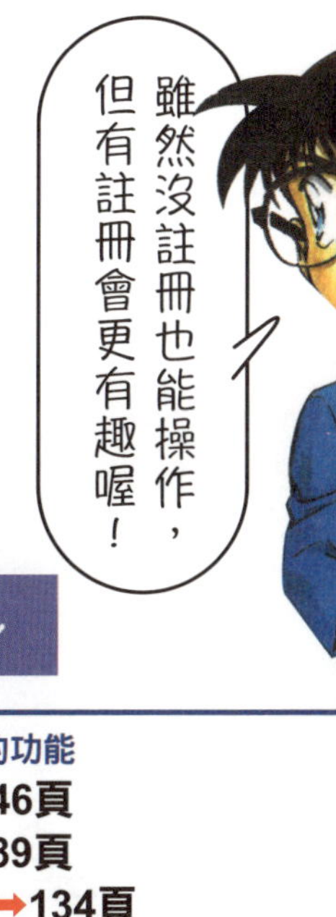

註冊後可以使用的功能
❶儲存程式➡46頁
❷使用背包➡89頁
❸分享與改編➡134頁

試著操作 Scratch！

點擊首頁的「創造」，就會開啟這個畫面，能立即進行程式設計。畫面大致分成四個區域，請分別點擊看看，了解有哪些功用！

點擊首頁畫面的「創造」後……

SCRATCH
創造
探索
立刻儲存
programmingconan
綠旗按鈕
這是點擊之後，就可以同時執行多個程式的按鈕（11頁）。
停止按鈕
這是點擊後就會停止執行程式的按鈕。
角色
Scratch把顯示在舞台上並做出動作的物件稱作角色。預設狀態是自動顯示貓咪角色喔！
角色
Sprite1
x
0
y
0
顯示
尺寸
100
方向
90
舞台
背景
1
Sprite1
角色清單
這裡會以圖示列出在舞台上做出動作的角色。點擊圖示之後，可以在左側的腳本區建立該角色的程式。
點擊這個圖示可以增加角色

舞台

這裡是顯示多個角色，依照程式執行動作的地方，可以選擇背景。

⬆這是加上背景的舞台。例如，像這樣製作了遊戲的程式之後，舞台就會變成遊戲畫面。

選擇舞台的背景後，會顯示在這裡。

點擊這個圖示可以新增背景。

積木面板

這裡陳列的是程式的元件「積木」。從這裡挑選出積木並在腳本區組合，就可以製作出程式。

「造型」標籤

點擊之後，腳本區會變成造型的畫面。造型是指角色的其他姿勢影像，可以改變角色的外觀。

音效標籤

點擊之後，就會顯示角色可以使用的音效。你可以從內建的300種以上音效中，選擇適合的音效。

可以在這裡為編寫的程式加上標題，修改顯示在這裡的「Untitled」。

你可以向瀏覽Scratch網站的所有人公開你製作的程式。詳細說明請參考134頁。

積木

大部分是對角色下達命令的程式元件。從積木面板中取出，以拼接的方式來設計程式。

別害怕失敗，邊練習邊熟悉如何操作！

腳本區

這裡是組合積木，撰寫程式的地方。

一共有9種積木，按照功能顯示為不同顏色的積木。

註冊Scratch的帳戶之後，可以把組合好的程式儲存在這裡，詳細內容請參考46頁。

背包

組合「積木」進行程式設計！

Scratch最大的特色就是以組合「積木」的方式來進行程式設計。接下來我們要用6頁的篇幅介紹9種積木當中，本書最常使用的7種積木。

可以讓角色行走或旋轉！

右轉 15 度

可以隨意更改數字

以輸入數字的方式就能更改左圖的「移動○點」、「左轉○度」，以及「右轉○度」等積木的數字。輸入時，記得要使用「半形數字」。

可以選擇目的地的積木

點擊下方積木中的「隨機▼」，會顯示兩個選項。點擊其中一個選項，即可選用該選項。

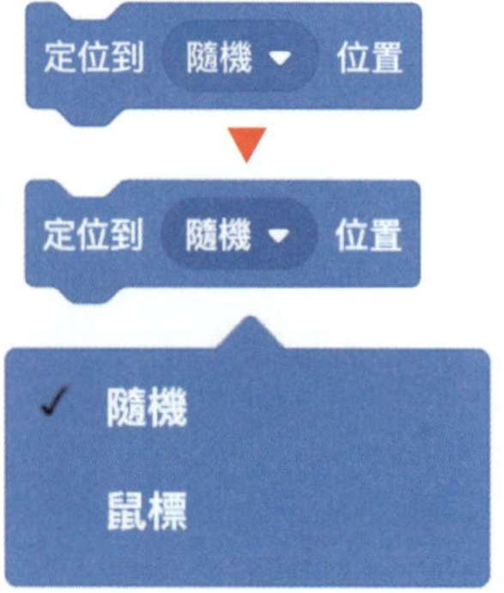

⬆點擊積木中的「隨機▼」，接著選擇「隨機」，角色就會在舞台上隨機移動。

迴轉方式設為 左-右

⬅這個積木除了「左－右」之外，也可以選擇「不旋轉」、「不設限」。

積木就是「指令」

大部分寫在積木上的內容都是對角色下的指令。點擊之後，角色會忠實執行上面所寫的指令。

❶點擊積木後……

❷依照指令執行動作！

➡點擊之後，角色會稍微往右移動※。當然，無論點擊幾次，都會重複相同的動作。

※不是一步一步前進，而是一次移動10點的距離。
「10點」在「座標」（75頁）中為長度10。

決定位置的積木

如下圖所示，也有讓角色移動至舞台上指定位置的積木。關於「座標」的部分，請參考75與78頁的說明。

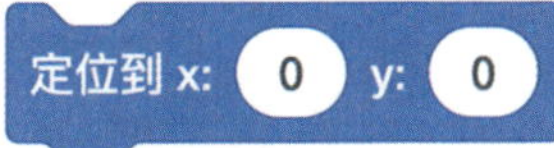

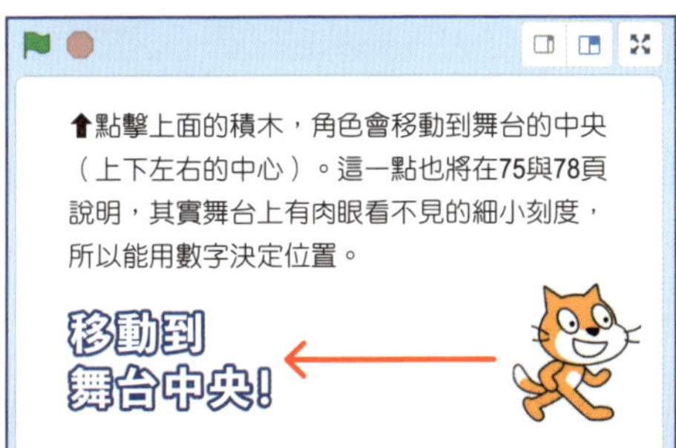

⬆點擊上面的積木，角色會移動到舞台的中央（上下左右的中心）。這一點也將在75與78頁說明，其實舞台上有肉眼看不見的細小刻度，所以能用數字決定位置。

決定方向的積木

除了位置之外，還有決定方向的積木。Scratch會以角度來表示方向，如下圖所示。往「右」是90度，而往「左斜下」是-135度。

基本的操作方法

一起來看看除了從積木面板中以拖放方式取出積木之外（參考18頁），積木的主要操作方法。

◉組合

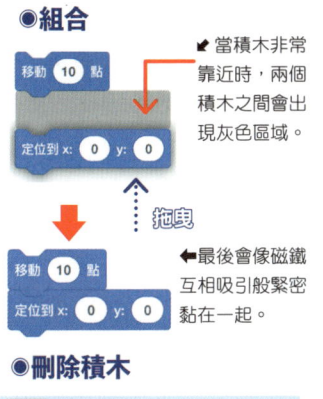

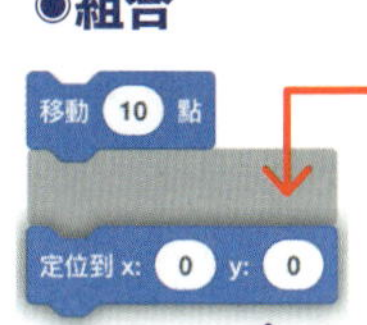

⬋當積木非常靠近時，兩個積木之間會出現灰色區域。

拖曳

⬅最後會像磁鐵互相吸引般緊密黏在一起。

◉刪除積木

⬆將積木拖回積木面板，就可以刪除囉！

⬆點擊「面朝〇度」的數字，會出現類似時鐘的圖示。旋轉類似時鐘指針的物件，就能設定角度。

嵌入用的「數值積木」

沒有凹凸，兩端為圓弧的右側積木稱作「數值積木」。這不是對角色下達指令，而是用來嵌入其他積木中，如右所示。

⬆上面是「x座標大於50」，下面是「y座標四捨五入」的組合積木。「x座標」、「y座標」的說明請見75與78頁。

這種積木可以改變角色的尺寸、姿勢、背景等！

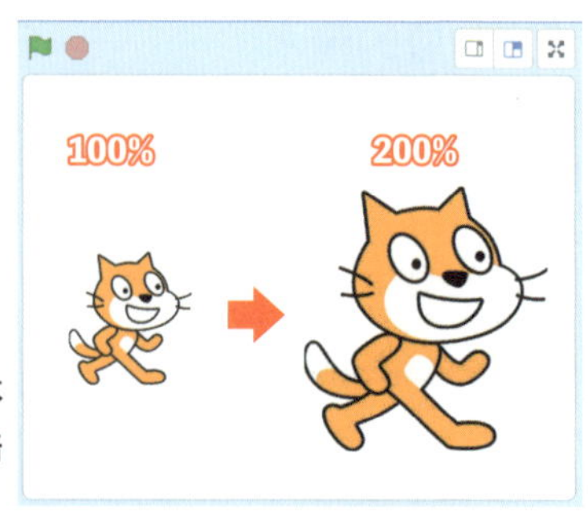

尺寸100%＝「相同尺寸」的意思

尺寸設為 200 %

放大和縮小是以「%」顯示。100%是指原本的尺寸，200%是兩倍大，而50%的話是變成一半的尺寸。

⬆想了解這個角色有哪些造型，可以點擊「造型」標籤（參考第7頁），檢視造型畫面。畫面中會顯示這樣的圖示，由此可知還有另外一個造型。此外，你也可以自行增加新的造型（參考45頁）。

改變成其他姿勢能製作出動態效果喔！

造型換成 costume2 ▼

造型換成下一個

「造型」是指角色的其他姿勢。透過快速切換姿勢，就能讓角色看起來像是在動。

試著改變背景吧！

背景換成 backdrop1 ▼

背景換成下一個

可以讓它像是在瞬間移動！

讓角色說話！

說出 Hello! 持續 2 秒

角色可以透過對話框說出台詞喔！只要控制產生對話框的時機，就能讓角色看起來像是在對話。

這裡有許多開始執行程式的積木喔！

執行連接在下方的積木指令

點擊舞台左上方的綠旗，就會執行將此積木連接在最上方的所有程式。

⬆點擊綠旗之後，最上方連接著「當綠旗被點擊」積木的程式會收到來自綠旗的指令，再對角色下命令。

讓多個角色同時執行動作

角色之間可以互相收送指令，並在同一時間執行動作（請參考115頁）。

用來確認是否符合該條件

通常都是六角形的「〇×積木」

碰到 鼠標 ？

滑鼠鍵被按下？

碰到顏色 ？

偵測積木有許多代表「〇或×」狀態的六角形積木，如左圖所示。此種積木和數值積木（參考第9頁）一樣，必須嵌入其他積木中，如下所示。

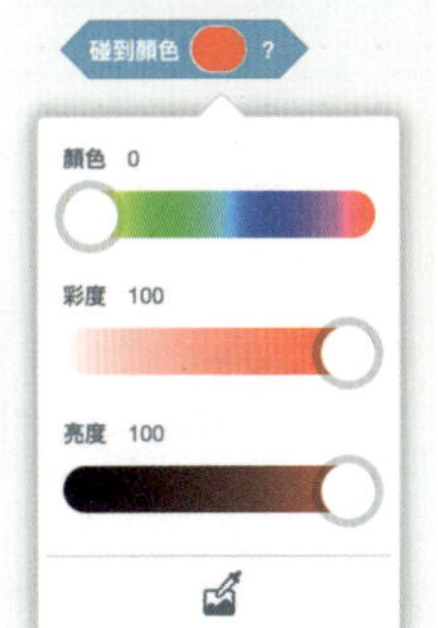

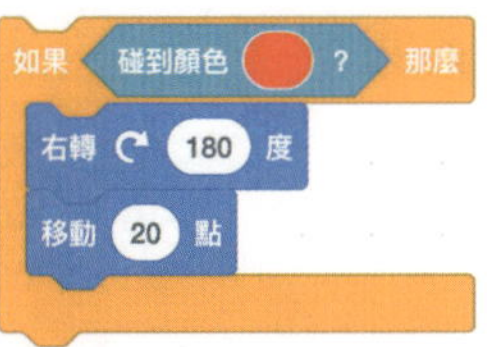

⬆⬅調整亮度等元素可以調整「碰到顏色〇」積木的顏色，如左所示。

使用「外觀積木」應該就能
輕鬆製作出動畫吧……

控制積木　可以重複動作或在動作加上條件！

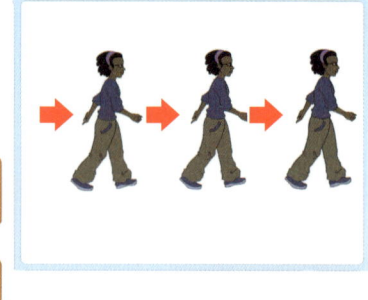

重複動作

與「重複無限次」或「重複〇次」等積木組合在一起，只要下一次指令，角色就會重複執行該指令，非常方便。

重複無限次

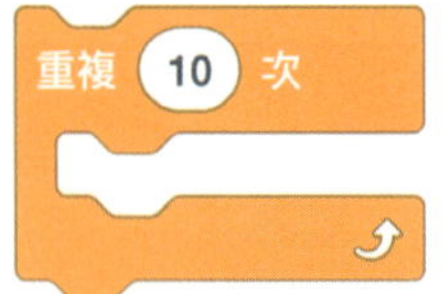

⬆➡控制積木包含了形狀為英文字母「C」的積木，可以重複執行嵌入積木的指令，或加上執行條件。

加上條件

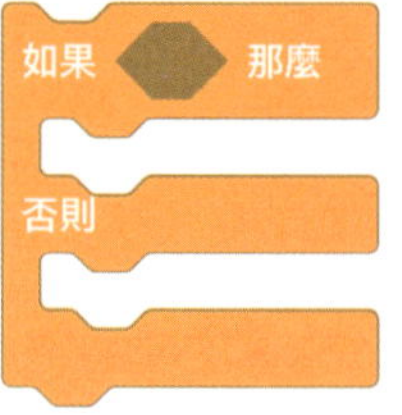

顏色 碰到 顏色 ?　尺寸 > 60

⬅「如果～那麼」等條件判斷積木的條件部分留有六角形空格，請在這裡嵌入第11、13頁介紹的六角形「〇×積木」。上面的〇×積木看起來好像無法放進控制積木的六角形空格內，但是只要將〇×積木靠近，就會自動擴大，不用擔心。

建立角色的分身

「分身」是指角色的複本，使用右邊的積木，就可以製作出多個分身，還可以讓這些分身全都做出相同的動作。

當分身產生

當你徹底掌握控制積木的用法之後，一定會變得更有趣喔！

⬆本書也使用了分身喔！

說到遊戲，就會想到得分、生命值等會變化的數字！

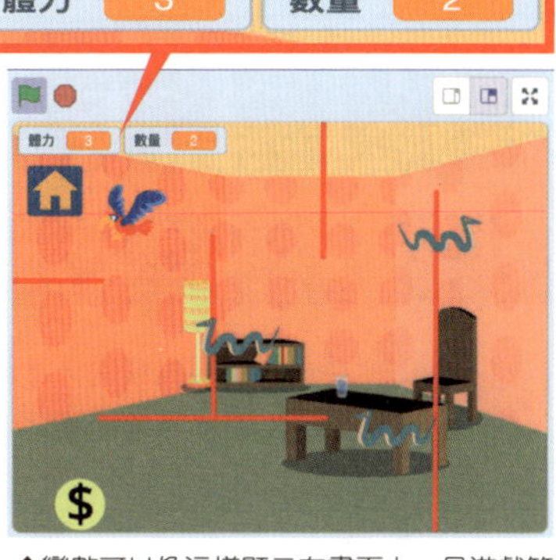

⬆變數可以像這樣顯示在畫面上，是遊戲等程式不可或缺的元素。

變數是「由你來建立」的！

與其他積木不同，你可以建立程式需要的變數，如「體力」或是「數量」等。變數可以隨意增減數值。

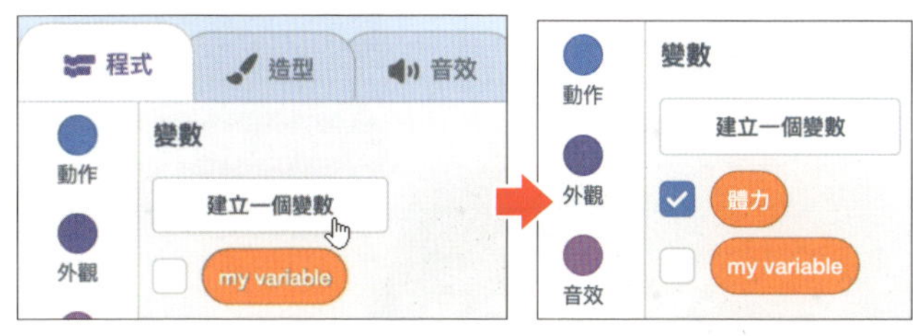

⬅原本沒有名為「體力」的變數，建立之後，就會顯示在積木面板中，如左所示。當然，你可以建立許多變數。

用來進行加法等運算或確認大小！

也能當作控制積木的條件

和偵測積木一樣，運算積木中也有「○×積木」喔。

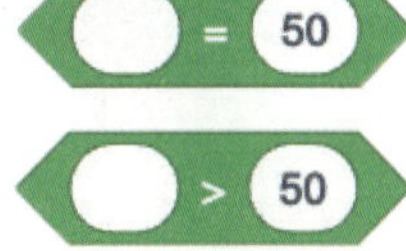

⬅上面的積木可以知道是「○等於50」，但下面的積木可能有點難懂。「>」是不等號，「左邊的值比右邊的值大」，意思是「○比50大」。

⬅這個也一樣，「或」可以了解，但是「且」是什麼意思？簡單來說，「A且B」是指「A與B兩者皆為條件」。有點難對吧！

可以進行計算也能輸入字串

由於運算＝計算，所以當然也會有這些用於計算的積木。

⬅⬆這裡也一樣，我們可以了解「＋」、「－」，但是左下與右上呢？「＊」等於「×」，而「/」等於「÷」，所以要特別注意。

⬆簡單來說，這是指「1到10之間的其中一個數值」。

⬆雖然說是「運算」，卻也有這種輸入非數字的積木。

關於●音效積木與●函式積木請分別參考130～131頁，以及132～133頁！

名偵探柯南與少年偵探團挑戰用程式設計解決事件！

失蹤的天才程式設計師寄來了謎語，那是設計程式的步驟說明，這個程式隱藏著解決事件的關鍵。

——柯南與少年偵探團將透過程式設計揭開這個事件的真相！趕快翻到19頁吧！

江戶川柯南

看起來是小孩，頭腦卻是大人，解決過無數案件的小學生偵探。真實的身分其實是高中生偵探工藤新一，這是他身體縮小後的樣子。

少年偵探團

由帝丹小學一年級同班同學所組成的團隊。從尋找貓咪到煩惱諮詢（!?），專門解決周遭問題的五人團隊！

灰原哀

化學家，發明讓新一身體縮小的藥物。同樣也因該藥物外表變成了小孩，目前住在阿笠博士的家裡。

小嶋元太

自稱是「少年偵探團的團長」，身材壯碩、食量驚人且力大無窮，最愛吃鰻魚飯。

吉田步美

個性活潑又開朗，是少年偵探團中的偶像，自稱「可愛的女偵探」。

圓谷光彥

認真且博學多聞的機智派成員，偶爾也能化解柯南的危機？

開場白～變小的名偵探

解決過無數案件的高中生名偵探工藤新一，有一天在遊樂園撞見一群可疑男子正在交易，卻被其中一人發現而遭到襲擊，並強灌神祕的毒藥。雖然僥倖撿回一命，但是新一的身體卻縮小，變成了小孩的模樣！

高中生名偵探 工藤新一……

⬇因為崇拜夏洛克・福爾摩斯而持續推理的新一，在他成為家喻戶曉的名偵探之際，卻……

被強灌神祕藥物而變成了小學生的模樣！

⬇變成誰都認不出原本模樣的新一，化名為「江戶川柯南」，決定追查那些神祕男子的身分！

※咕嚕

定位到 x: 0 y: 0
隨機取數 1 到 10
碰到 鼠標 ?
建立 自己 的分身

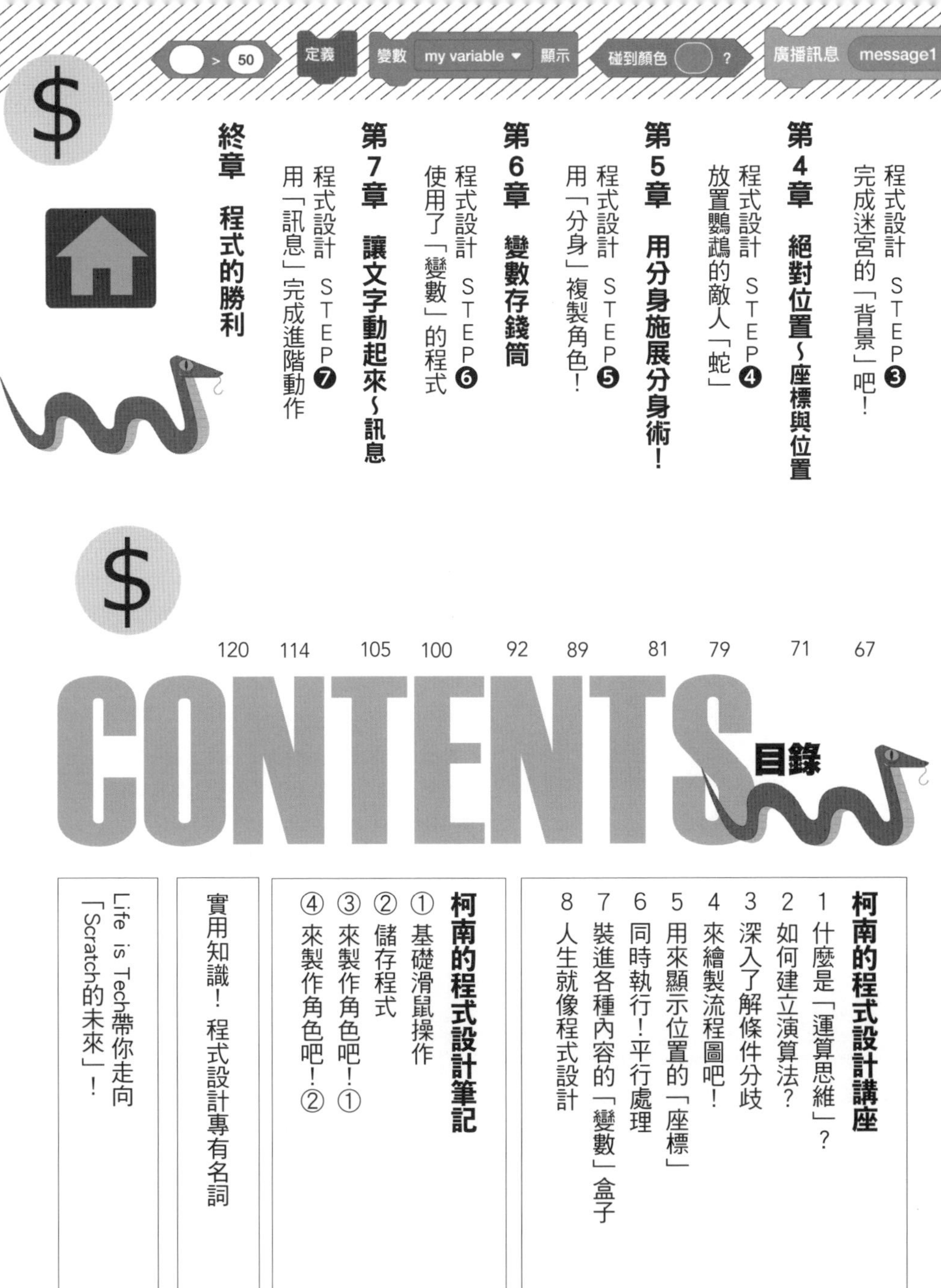

CONTENTS 目錄

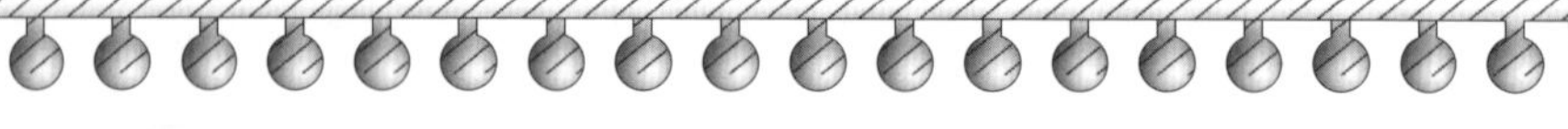

基礎滑鼠操作

Scratch中的操作幾乎都可以用滑鼠完成，請先在這裡複習滑鼠的用法。

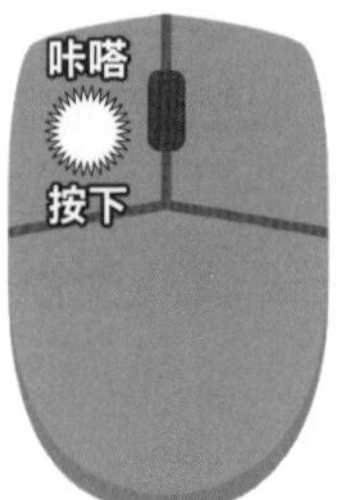

點擊

這是指按一下滑鼠左鍵後立刻放開。Scratch的積木如果提到「點擊」，就是指點擊左鍵。

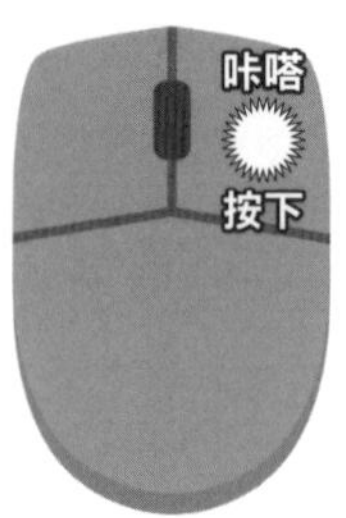

點擊右鍵

這是指按一下滑鼠右鍵後立刻放開。除了以下列出的情況外，Scratch很少用到這種操作。

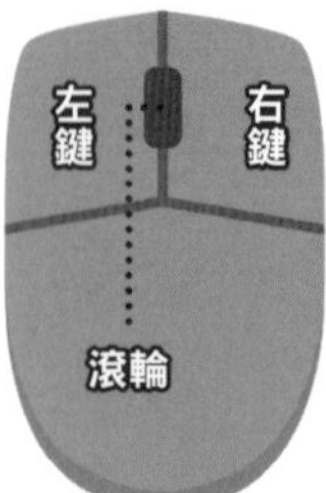

用右手拇指與無名指夾住握著，以食指點擊左鍵，用中指點擊右鍵。前後滾動滑鼠滾輪，可以往上或往下移動畫面。

➡在積木上點擊右鍵，會出現如右圖的顯示狀態。點擊❶「複製」，會出現另一個積木，點擊❷「刪除積木」，積木就會不見。

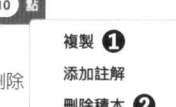

複製 ❶
添加註解
刪除積木 ❷

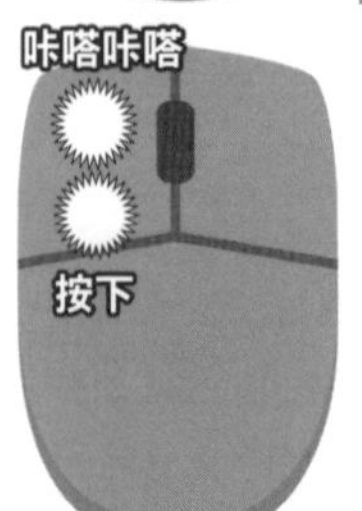

雙擊

這是指連續且快速按兩下左鍵後放開。用來執行開啟檔案等操作。在Scratch並不常用。

拖放（drag and drop）

在畫面上想移動的物件上，按住左鍵不放並移動滑鼠稱為「拖曳（drag）」，手指離開按鍵把物件放在該處則是「放開（drop）」。

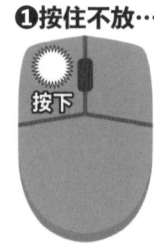

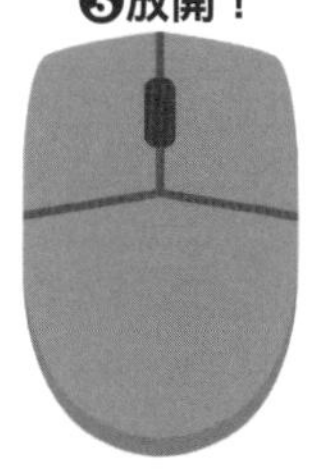

簡單說明滑鼠游標

滑鼠游標是移動滑鼠時，會一起移動的標記。❶是正常狀態，❷是指在那裡形成連結※，❸是可以拖曳，❹是可以在該處輸入文字。

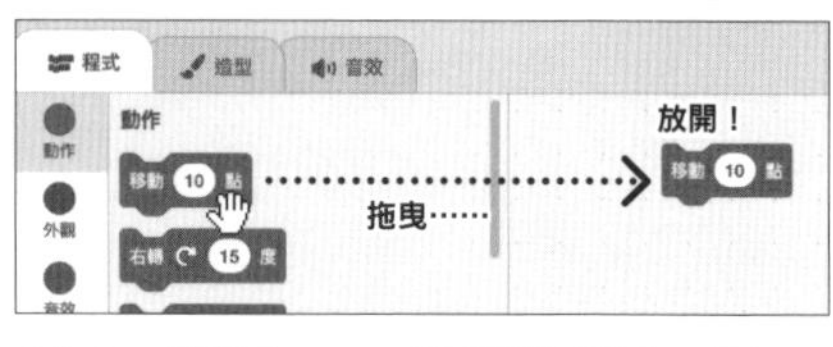

⬆拖曳、放開是Scratch常用的滑鼠操作。例如，把積木拉出放到腳本區時，是從積木面板拖曳，移動到目標位置後放開，如上所示。

影像提供／PIXTA

※這是指在首頁從目前瀏覽的地方移動到其他網頁。

序章 程式與神祕的謎語

※此漫畫內容為虛構的故事，漫畫中提及的人物、團體、名稱等都與現實中的人物沒有關係。

※ 咔嚓、咔嚓、咔嚓…

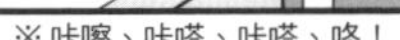

※ 咔嚓、咔嗒、咔嗒、咚！

你開發的
視訊通話應用程式
「布隆」很厲害……
竟然在短短一年之內，
使用人數就達到
一億人……
你到底是誰？
嘿嘿嘿
嘿……

我們是金幣蛇，
你有聽過吧？
金幣蛇？
是那個盜取虛擬貨幣
及線上存款的
犯罪集團！

我們對你在開發
「布隆」之前
所設計的行動支付系統
非常感興趣……

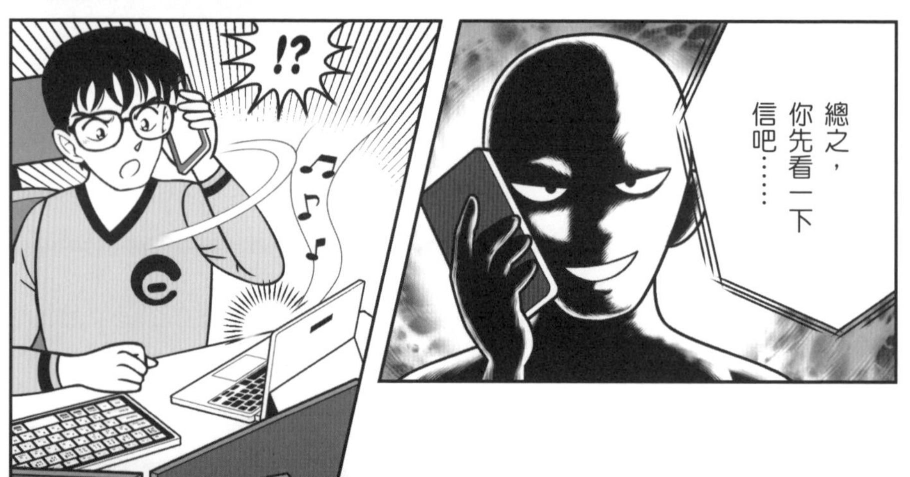
總之，
你先看一下
信吧……
!?

這、這是什麼？

怎麼樣？為了這個人，你應該會樂意幫忙吧？

當然，如果你敢報警，她的小命就不保了！嘿嘿嘿……

你這傢伙……怎麼可以做出這種卑鄙的事！

那麼，現在請你到我們這裡來吧……

我知道了。我準備一下，等我15分鐘……

好，就等你15分鐘……請到○△□×，到了之後，我的同伴會出來接你，再見……

嗶

○月○日（四）

19：45

怎麼辦……
又不能
報警……
可是……
難道就這樣
讓他們得逞嗎？
對了！
カシャ
カシャ
※咔嚓、咔嚓
カタ
カタ
※咔嗒、咔嗒
カタ
カタ
※咔嗒、咔嗒
好了，幸好還
來得及！
20：00
雖只有一線希望……
現在
只能寄望
「那個人」了！
拜託了……
傳送完畢

隔天 帝丹小學
請問……你們是少年偵探團嗎？

？
哦，我記得你是隔壁班的……

我是羽田鶇……
我有一件事想請你們幫忙……

包在我身上！任何事件都行……
你來找我們商量的那一刻，問題就等於解決了！

昨晚我收到一封像謎語一樣的郵件……
謎語？

放學後
小鵪家
原來小鵪是跟哥哥兩個人一起住啊！
嗯，爸爸跟媽媽去年夏天發生車禍……

不過，哥哥他對我很好，我一點都不覺得孤單……
他每次因為工作關係要晚回家時，都會跟我說……

漢堡
抱歉，我馬上回家！晚餐想吃什麼？
謎題解開了嗎？
我現在正要解！
今天的題目
比較難喔～
加油!!

哦！你哥為了小鵪自己在家，特地用電子郵件傳來謎題或益智遊戲嗎？
嗯嗯，都很有趣喔！

這就是昨天收到的信嗎？
嗯，可是……
本次謎題.zip 填字遊戲.pdf

這是什麼啊？

將下列英文字填入空格，按照1到7的順序閱讀

EACH

2 5 6 1 4 7 3

骷髏頭圖案感覺有點恐怖耶……

討厭啦！好可怕！

答案

是「骨架填字遊戲」啊……

而且有「sprite」、「block」，這是……

小鶇，這看起來似乎是謎題的入口喔！

什麼？

挑戰骨架填字遊戲！

這是已經知道要填入什麼單字的填字遊戲。請試著從右下方的範例題掌握解題的技巧吧！

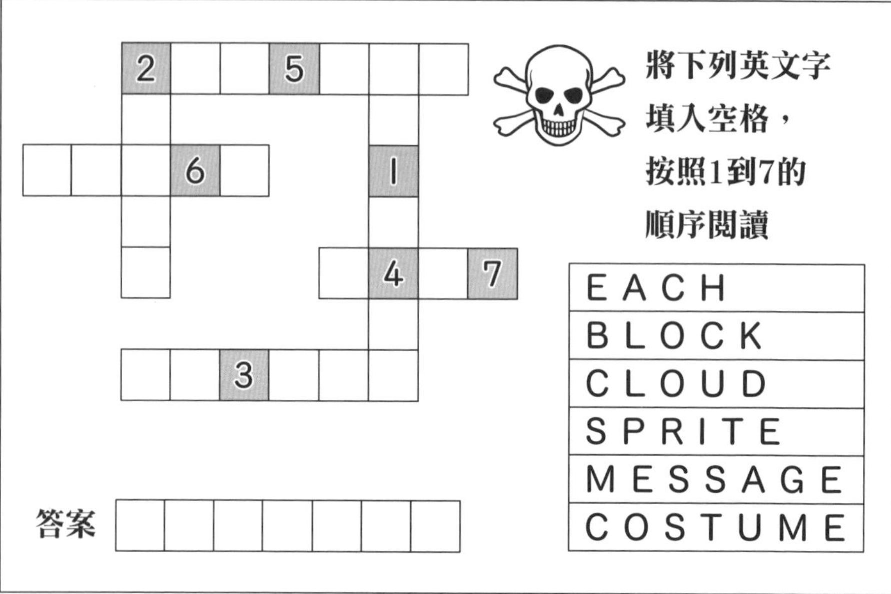

什麼是骨架填字遊戲？

這是在固定的框架內，依照字數，把設定好的單字填入格子內的填字遊戲。直向是由上往下讀，而橫向是由左往右讀。

要注意字數！

以右邊的這個範例來說，四個字母的字只有「LOVE」，因此先填進去。這樣就有一個基準可以去推測其他的字要填在哪裡了。

MAGIC / CLICK / LOVE / GREEN / MONKEY

答案 CONAN

填字遊戲的答案是「Scratch」！
SPRITE
MESSA
COST
而且這個填字遊戲裡還有「sprite」、「block」這些單字……
COSTUME
CLOUD
BLOCK
MESSAGE
EACH
SPRITE
SCRATCH
該不會……
カシャ カシャ カシャ
※咔嗒、咔嗒、咔嗒
SCRATCH 創造 探索 靈感 關於 搜尋
歡迎來到 Scratch！
探索入門專案
Learn about the community
創建新的專案
是這個吧？
對，沒錯……
等一下！別把我們忘了啊……
啊，抱歉！
「Scratch」是可以設計程式的網站！
剛才的填字遊戲使用的都是出現在「Scratch」裡的單字，因為之前哥哥有教過我！

「程式設計」＝製作讓電腦運作的「指令」

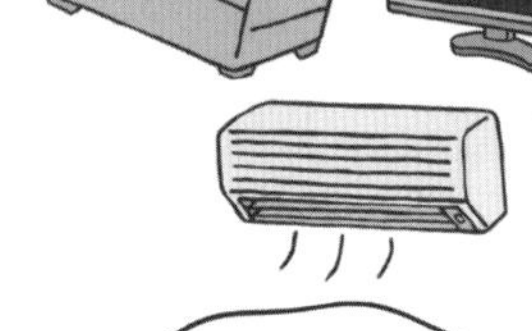

插圖／PIXTA

電視、空調、洗衣機等以電運作的機器設備中都裝有電腦，這些設備不需要人動手操作，只要按下開關，就可以按照事先設定好的「指令」來運作，這些指令就稱為「程式」。程式裡面記載了希望電腦執行的工作內容與步驟，而「程式設計」就是指編寫這些程式。

※ 啪

➡這裡以計算機為例，說明電腦的指令與執行概念。

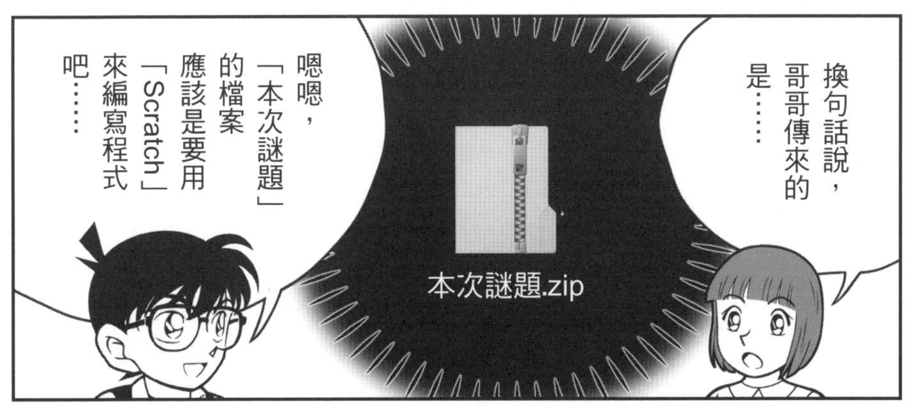

可是……

為什麼小鶇的哥哥要拐彎抹角的讓他妹妹寫程式呢？

什麼是「運算思維」？

寫程式可以培養「運算思維」。除了運用在設計程式之外，這種思維也能在其他領域發揮作用，究竟這是什麼樣的思維呢？

由大量的「指令」所組成的「程式」

舉例來說，浴缸的加熱功能背後其實進行了許多步驟，如右圖所示。程式中完整寫出大量必要的指令，而且這些指令都能正確執行才能完成。當能夠寫出這種正確的程式時，就能培養適合程式設計的思考方式，也就是運算思維。

（例）浴缸的加熱功能

❶設定溫度後，按下開始按鈕

⬇

❷加熱浴缸水，直到達到設定的溫度

⬇

❸達到設定溫度之後，停止加熱並通知提醒

⬇

❹維持設定的水溫避免變冷

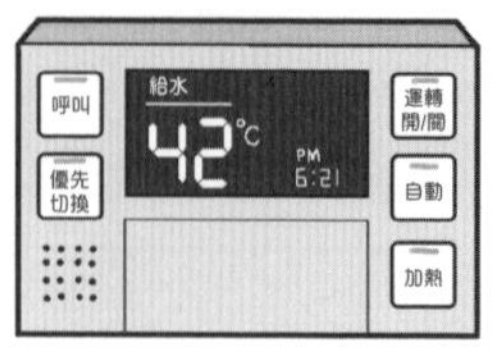

沒有遺漏！順序正確！

不論是缺少某個指令或指令失敗，又或是執行指令的順序錯誤，都無法得到想要的結果。設計能夠正確進行的程式，可以培養如左頁所列出的五種思維。

⬆達到設定溫度之後，必須停止加熱，如果程式設計中沒有「停止加熱」的指令，就會發生這種情況！

⬇執行指令的順序也很重要。如果水溫還沒達到設定的溫度就通知「加熱完畢」，會造成困擾。

透過程式設計可以培養左頁的五種思考能力喔！

很自然的就做到了！運算思維

提到「運算思維」，你可能會覺得「好像很難」，其實就像這裡舉的例子，我們早就很自然的在實踐這種思維了。這裡以「製作飯糰」為例，介紹五種思考方式。

❶抽象化

簡單來說就是「找出共通點」。例如，下圖中每一種飯糰都可以說是一種「把米飯捏成一團的食物」。

❷分解

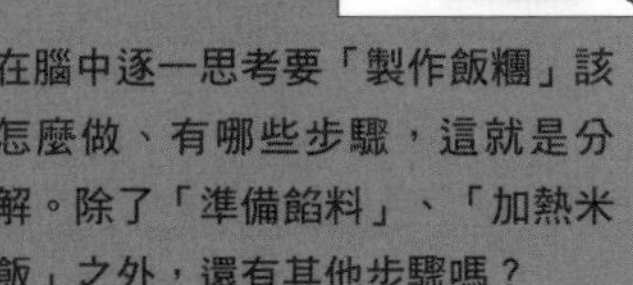

在腦中逐一思考要「製作飯糰」該怎麼做、有哪些步驟，這就是分解。除了「準備餡料」、「加熱米飯」之外，還有其他步驟嗎？

❸組合

列出所有「製作飯糰」的步驟後，再按照正確的順序連接起來，這種思考方式就是「組合」。

煮飯或加熱
↓
取出適量米飯
↓
將餡料放入米飯中
↓
捏成飯糰
↓
用海苔包起就完成了！

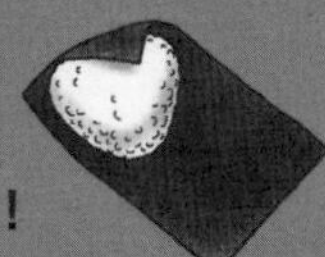

❹分析

鮭魚和芝麻很搭、也適合配上紫蘇葉等，進行各種評估與思考，以製作出更好吃的飯糰，這就是「分析」。

❺一般化

例如製作食譜，以淺顯易懂的方式說明或是傳授技巧，讓每個人都可以製作出相同的飯糰，就是「一般化」。

第 1 章 新的入口～演算法

※ 咔嗒
カチッ
我要打開「本次謎題」的檔案囉！
本次謎題.zip
好緊張喔……
檔案的密碼應該是「Scratch」吧……

※ 啪

咦？這是什麼啊？

STEP 1

· 你不會喵喵喵，你會的是展翅飛翔（P）

· 豎起旗幟後，就能持續飛翔

一定要使用的積木

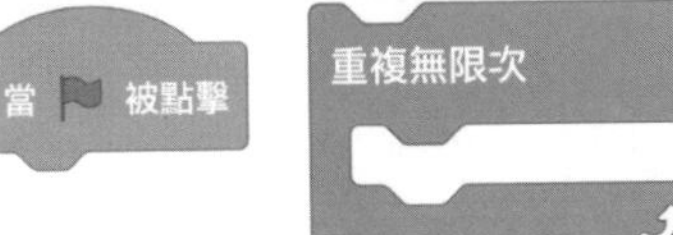

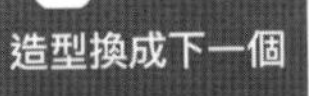

「不是貓咪，而是像小鶇一樣會飛翔」的意思嗎？
・你不會「喵喵喵」，你會的是展翅飛翔（P）
貓咪
小鶇＝鳥
「鶇」是一種鳥，所以應該是指把「貓咪」的圖案換成鳥吧？

然後還有另外一個謎語「豎起旗幟後……」的「旗幟」也和「貓咪」一樣，在畫面上的某個地方吧？
「旗幟」……是那個吧！
那麼，點擊旗幟之後，或許可以讓小鳥飛起來！

這樣真的就做得到嗎？
這就是程式設計啊！
我們來把貓咪換成鳥吧！
感覺越來越有趣了！

首先，只要這樣操作就可以把貓咪刪除了……
找到顯示在角色清單中的貓咪圖示，點擊右上方的「×」即可刪除。
Sprite1
接下來要讓鳥出場了。只要從眾多圖案中挑選就行了……
①點擊角色清單下方的貓咪圖示
選個角色
②開啟「範例角色」清單
Abby
Amon
Andie
③移動滑鼠游標，點擊要選擇的角色
Pants
Parrot
Party Hats
④選好的角色就會出現在舞台和角色清單中
這裡的「貓咪」和「鸚鵡」稱作「Sprite」。
遊戲中的「Sprite」就是指「角色」，可以隨意移動……
喔，遊戲！角色！
・你不會「喵喵喵」，你會的是展翅飛翔（P）
可是，鳥的種類有很多，為什麼選鸚鵡呢？
英文第一個字母是「P」的鳥類只有鸚鵡（Parrot）與企鵝（Penguin），可是企鵝不會飛，對吧？
Parrot
Penguin

下面這個積木叫做「動作」積木，大部分排列在積木面板（右圖）的積木，點擊之後，舞台上的角色就會按照積木的指令行動。

※ 咔嗒

※ 咻、啪嗒啪嗒

※ 咔嗒、咔嗒

上面的積木是外觀積木。「造型」是指改變角色外觀的影像。通常每個角色都有多種造型。

右鍵，複製積木（18頁）。
可以把多個相同的積木放在腳本區※！
拖曳到腳本區的積木也能輕易刪除……
把積木拖回積木面板內再放開，就可以刪除積木。
Settings
檔案
編輯
在這輸入專案名稱
分享
造型
音效
動作
移動 10 點
右轉 15 度
左轉 15 度
定位到 隨機 位置
定位到 x: 58 y: -74
滑行 1 秒到 隨機 位置
滑行 1 秒到 x: 58 y: -74
這樣「STEP 1」需要的積木就都齊全了！
積木有好多顏色跟形狀喔！
黃色
當 被點擊
這是事件積木。通常是讓程式開始執行的積木。
橘色
重複無限次
這是控制積木。包括在動作加上條件的積木。
紫色
造型換成下一個
這是外觀積木。可以改變角色的外觀。
藍色
移動 10 點
這是動作積木，用來移動角色。
組合積木時，積木的凹凸很重要呢。
原來如此。只有凹凸形狀符合的積木才能組合起來呢！
上面無法連接
當 被點擊
下面可以連接
上面可以連接
重複無限次
嵌入上下都能連接的積木
下面無法連接
上下都能連接
移動 10 點
好了，來吧！拖曳積木，讓凹凸部分組合起來。
移動 10 點
造型換成下一個
↑靠近到一定程度，就會像磁鐵一樣自動吸在一起。
合體！
移動 10 點
造型換成下一個
↑組合好的積木不論點擊哪裡，都會由上往下依序執行全部指令。

點擊一下組合好的積木吧！
每次點擊，就會張開翅膀前進耶！
移動 10 點
造型換成下一個
ㄎㄚ ㄎㄚ ㄎㄚ
角色 Parrot
x -137
y 0
※ 咔嗒、咔嗒、咔嗒
可是謎語是「持續飛翔」，所以點擊一次才飛一下的話，就不符合條件了吧？
這個時候應該要使用「重複無限次」積木吧？
重複無限次
把剛才元太組合的兩個積木嵌進去……
※請參考141頁。
重複無限次
移動 10 點
造型換成下一個
在上面放上「當綠旗被點擊」積木就完成了！
⬇點擊34頁出現過的旗幟，就會不斷前進10點並拍動翅膀了。
當 被點擊
重複無限次
移動 10 點
造型換成下一個
像這樣組合積木來進行程式設計，就是Scratch最大的特色。
這樣就完成「點擊綠旗後，鸚鵡會持續拍動翅膀」的腳本※了！
馬上來確認看看吧！

有了，成功了！
パタパタパタ
這種為了得到想要的結果，正確組合指令的步驟就稱為「演算法」。
※ 啪嗒、啪嗒、啪嗒
我們來試試各種積木的用法吧！
嗯！
好！來試試！
看來小鶇的哥哥是想讓他在解開謎語的同時設計程式……
或許完成程式之後，就能解開他哥哥消失不見的原因……
鈴鈴鈴……
!?
15：30
新郵件
寄件人：ai haibara
行動支付系統出現可疑情況！
今日15：30

如何建立演算法？

要達成目標，必須正確組合指令，建立「演算法」，也得先瞭解程式的「三個基本機制」！

程式主要由三個機制組成

程式看起來似乎很複雜，其實主要是由「依序處理」、「條件分歧」、「重複」等三個機制組成。只要掌握這三個機制，要建立演算法一點都不難。

由上往下依序執行命令

開始 → 前往車站 → 購買車票 → 搭乘電車 → 結束

依序處理

這是最基本的機制。如同左邊這個例子，「前往車站，搭上電車」。

重複到條件成立為止（或條件不成立為止）

重複

依序處理以及條件分歧都是「由上往下」執行，而這個機制是回到前面，重複執行相同動作，直到條件成立為止。但是滿足條件之後，就結束「重複」。

開始 → 持續跑操場10圈 → 跑操場1圈 → 跑操場10圈後結束 → 結束

在跑完10圈之前（也就是第1～9圈），持續的繞著操場跑。

如果單只有「重複」，就永遠不會結束，所以一定要在「重複」加上「結束的條件」。

依照「是」或「否」決定指令

條件分歧

依序處理的執行過程是單一條線，而這個機制則是分成多條線去執行。

開始 → 天氣預報會下雨 → 是：帶雨傘 → 穿雨鞋 → 出門 → 結束；否：出門 → 結束

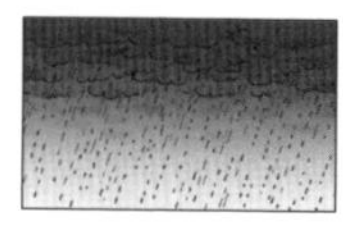

我們會根據天氣、預算等各種條件來判斷或調整行為，這些都可以稱作條件分歧。

★本頁出現的（圓角框）、（菱形）等符號的意義將在 66 頁說明！

試著讓角色動起來

只要寫出程式並執行，Scratch中的角色「Sprite」就可以動起來。現在我們終於要踏出程式設計的第一步。

角色(Sprite)是什麼？

這是指可以在舞台上做出動作的角色。當你第一次開啟「創造」畫面（第6頁），就會出現右邊這隻貓咪。除此之外，還有許多種角色可以選擇，你可以挑選自己喜歡的角色。

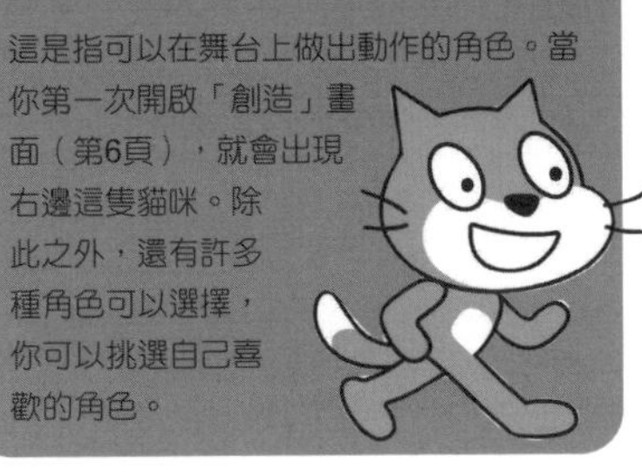

新增角色

1 點擊貓咪圖示

點擊角色清單下方的貓咪圖示（圓圈內），就會開啟「範例角色」畫面。

2 點擊你想選用的角色

點擊左邊畫面中的「Parrot（鸚鵡）」，舞台上就會顯示鸚鵡（右）。如右方的畫面所示，角色清單也會增加鸚鵡角色。

⬅角色包括動物、人、食物、樂器等，超過300種。

下一頁開始我們就要讓角色動起來囉！

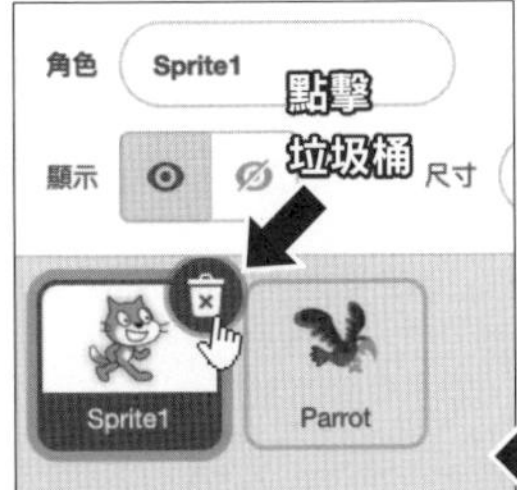

⬆點擊「×」之後，該角色就會從清單中消失，同時……

3 刪除角色

要刪除角色也很簡單。選取清單內的角色，點擊右上方垃圾桶符號的「×」按鈕，即可刪除。

貓咪刪除了！

➡舞台上也會刪除該角色。當然，你可以再次新增或刪除。

使用移動角色的「積木」

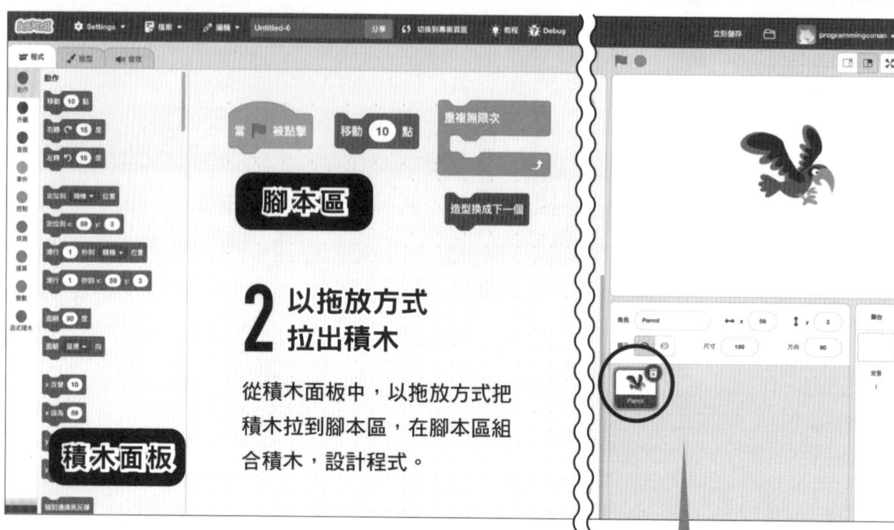

2 以拖放方式拉出積木

從積木面板中，以拖放方式把積木拉到腳本區，在腳本區組合積木，設計程式。

1 選擇要設計程式的角色

依照角色來設計程式。在角色清單中點擊要設計程式的角色，再開始操作。

3 點擊積木後……

大部分的積木都是指令（部分除外），因此只要點擊，角色就會執行該指令。

例如，在積木面板中點擊上面的積木，鸚鵡就會往右移動10點。

鸚鵡移動了！

積木可以連接或分離

⬅↙大部分的積木都是上面有凹槽，下面有凸起，可以連接在一起。如果要分離，只要拖曳該積木即可。

凸

移動 10 點

凸

➡點擊連接在一起的積木，就會由上而下依序執行全部的指令。

除了凸起和凹槽，
還有其他連接方式喔！

組合積木讓角色做出複雜的動作

◉讓鸚鵡拍動翅膀

角色是插圖，本身不會移動，但是只要交替顯示相同角色的不同「造型」，就能讓它看起來像是在動。

每次點擊就會拍動翅膀往前進！

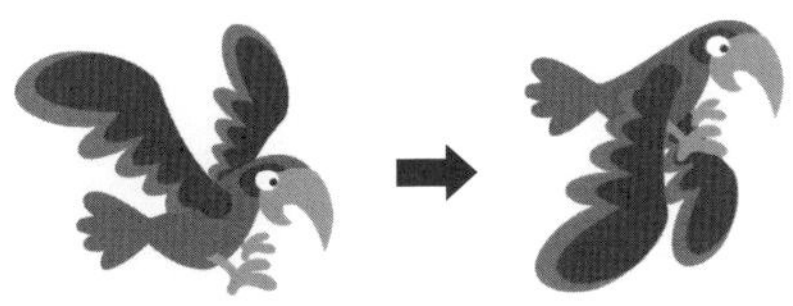

⬆加入「造型換成下一個」積木，就會交替顯示翅膀往上與往下的影像，像上面這樣拍動翅膀。

「造型」是什麼？

這是指同一個角色不同姿態的插圖。點擊「造型」標籤，就可以知道該角色有哪些造型，如下所示。

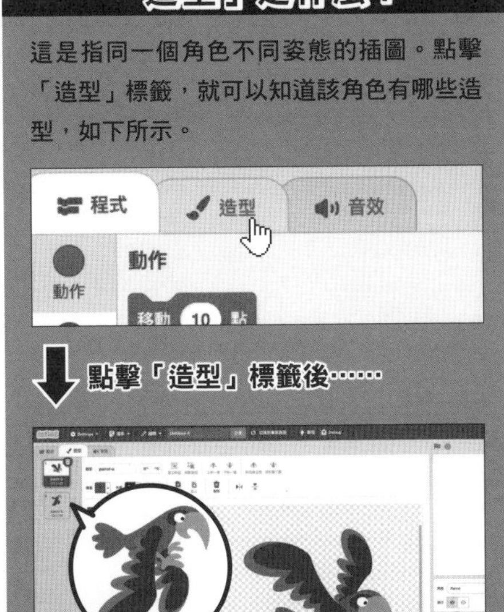

⬆除了翅膀往上的造型，還有翅膀往下的造型。大部分的角色都有兩個以上的造型。

◉讓鸚鵡持續拍動翅膀

此外，我們試著加入不用每次點擊，只要點擊一次，鸚鵡就會持續拍動翅膀的程式。

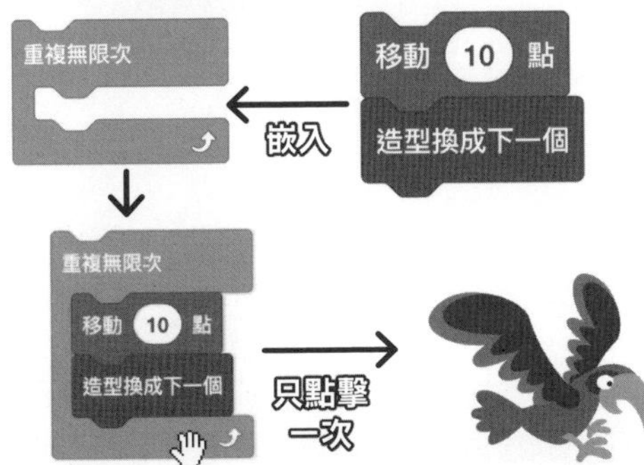

將控制積木「重複無限次」嵌入已經組合的兩個積木，如此一來，只要點擊一次，鸚鵡就會像下面那樣拍動翅膀。積木組合的越多，越能做出複雜的動作。此外，本書把只組合幾個積木的簡單程式稱作「腳本」，與程式做區隔。

不斷往右飛去！

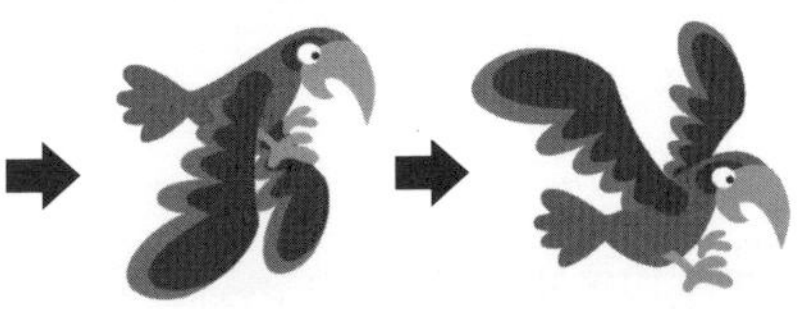

◉按下「旗幟」就持續拍動翅膀

這次不點擊積木，而是點擊舞台上的綠色「旗幟」圖示，執行腳本的指令。

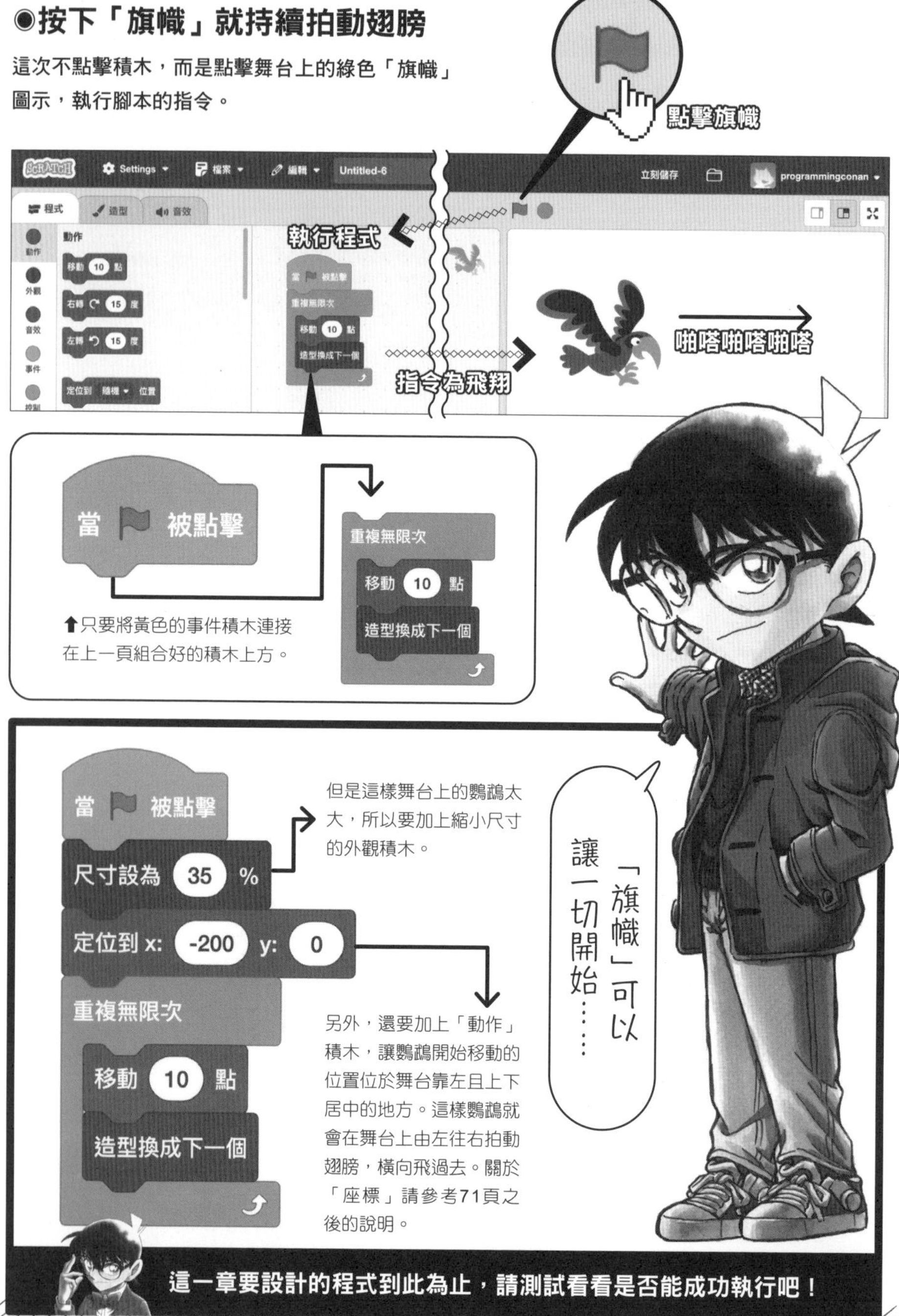

⬆只要將黃色的事件積木連接在上一頁組合好的積木上方。

但是這樣舞台上的鸚鵡太大，所以要加上縮小尺寸的外觀積木。

另外，還要加上「動作」積木，讓鸚鵡開始移動的位置位於舞台靠左且上下居中的地方。這樣鸚鵡就會在舞台上由左往右拍動翅膀，橫向飛過去。關於「座標」請參考71頁之後的說明。

這一章要設計的程式到此為止，請測試看看是否能成功執行吧！

用「造型」讓角色變得更有趣！

除了原本的造型，你也可以新增其他造型。有了更多造型，就能讓角色像動畫一樣做出各種變化！

⬆點擊貓咪的「造型」標籤，可以看到裡面有兩種造型。

⬅使用這個工具可以改變角色的顏色或是添加細節。熟悉了Scratch之後，請參考57頁的說明來練習操作！

➡點擊下方的貓咪圖示，會開啟「範例造型」的畫面。

⬆除了「走路」的動作之外，還發現了另外兩種貓咪造型！請和41頁選擇角色時一樣，以點擊方式新增造型。

⬅增加了剛才選擇的兩個造型！這裡的造型和角色一樣，點擊所選造型右上方垃圾桶圖示的「×」符號，就可以刪除該造型。

除了在相同角色增加不同造型，加入其他角色也會很有趣！使用「造型換成下一個」，就可以變身喔！

儲存程式

程式需要花一點時間才能寫完，因此要邊寫邊存檔。

儲存至Scratch的網站

如果已經在Scratch註冊帳號（第5頁），可以輕易將檔案儲存在網站內。

點擊「立刻儲存」

⬅如果已經註冊帳號，每隔一段時間網站就會自動儲存專案[※1]。如果尚未儲存專案，上面的選單列就會顯示「立刻儲存」，只要點擊就可以了。

◎如果要開啟檔案

❶點擊資料夾圖示

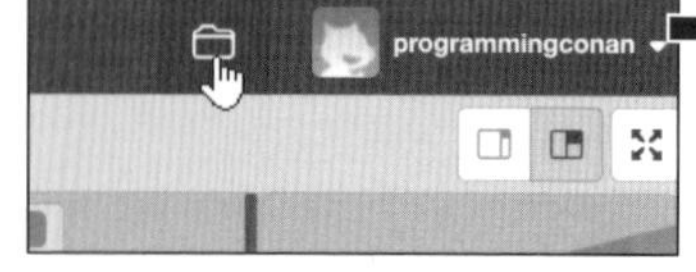

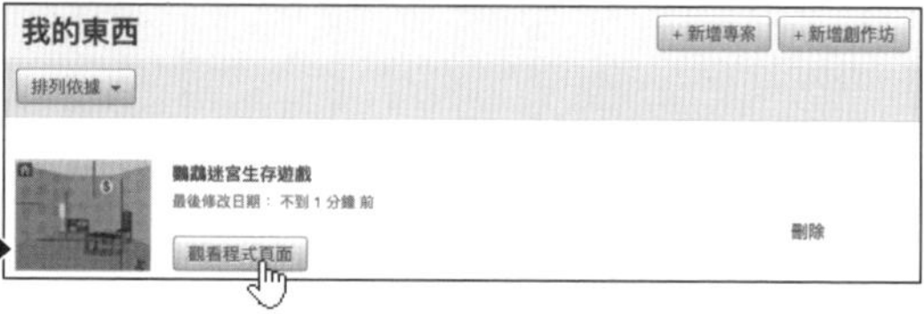

❷「我的東西」視窗會開啟，然後點擊「觀看程式頁面」

儲存至電腦

使用這個方法的話，即使沒有註冊帳號，也可以存檔。儲存時，請設定成方便自己辨識的檔案名稱。

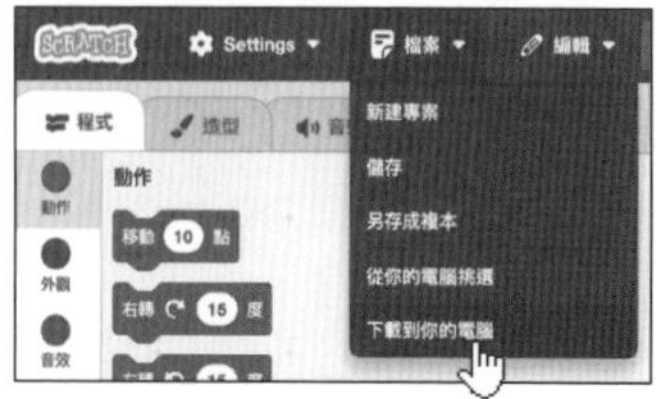

點擊「檔案」，接著選擇「下載到你的電腦」，這樣就會以「（專案名稱）.sb3」的格式下載並儲存檔案。

※2

◎如果要開啟檔案

點擊「檔案」，選擇「從你的電腦挑選」，接著選取在儲存位置（桌面等）的檔案，再點擊「打開」即可。

第 2 章之後將進一步改良第 1 章製作的程式，請參考以上方法，隨時儲存還未完成的程式。

※1 專案：請參考141頁。

※2 「點擊拍動翅膀」是為了說明存檔方法而建立的虛構檔案名稱。

★請注意！部分電腦使用的瀏覽器可能無法成功將程式儲存至你的電腦內，建議使用儲存至Scratch網站內的方式。

第2章　邏輯迷宮～條件分歧

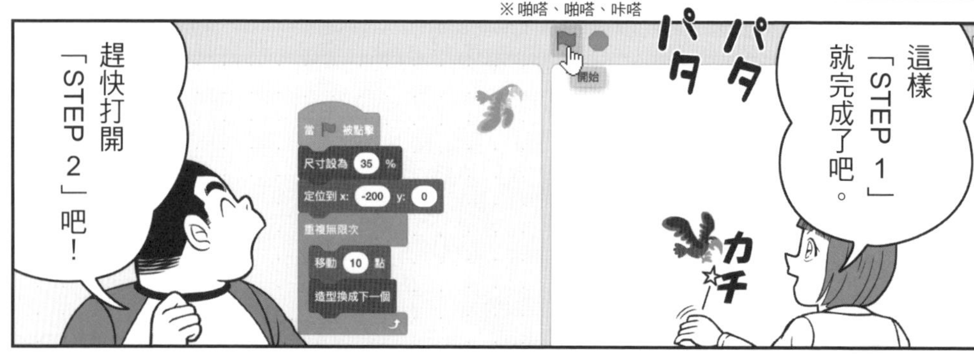

這個也是謎語耶……

STEP 2

· 聽到聲音你就拍動翅膀追逐老鼠

· 如果沒有聲音你便進入沉睡

必須使用的積木

面朝 鼠標 ▾ 向

讓人在意的是「追逐老鼠」這一點……

是不是讓鸚鵡去追老鼠啊？
加入老鼠的角色就可以了吧？
……

「老鼠」的英文是「mouse」。

可是，和「mouse」有關的積木有兩個……
面朝 鼠標 ▾ 向

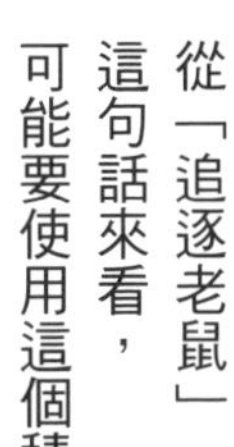
從「追逐老鼠」這句話來看，可能要使用這個積木。

那個，「鼠標」是什麼啊？

「鼠標」就是移動滑鼠時，會跟著一起移動的小箭頭或手形圖示。
PDF
STEP 2.pdf
移動 10 點

總之，我們先試著把積木組合起來吧！
⬇把它加到「移動10點」積木的上方，然後嵌入「重複無限次」積木裡。
當 被點擊
尺寸設為 35 %
定位到 x: -200 y: 0
重複無限次
面朝 鼠標 ▾ 向
移動 10 點
造型換成下一個

立刻儲存

開始

點擊旗幟！

カチッ

※咔嗒

好厲害！鸚鵡追著箭頭跑！

鸚鵡會隨著滑鼠的動作翻滾，就像真的在飛耶！

クルクルクル

※翻滾、翻滾、翻滾

※啪嗒、啪嗒

如果 那麼
滑鼠鍵被按下？
⬆「如果～那麼」是控制積木，「滑鼠鍵被按下？」是偵測積木。
也就是說，只在「下指令時」才這樣做就行了……
那不就是剩下的這兩個積木嗎？
你們看！像這樣組在一起！
如果 滑鼠鍵被按下？ 那麼
⬆當「滑鼠鍵被按下？」積木靠近時，就會自動擴大「如果～那麼」積木的凹洞。
原來也有這種嵌入型的積木啊！
如果要讓鸚鵡只在按下滑鼠時才追著游標跑的話……
カシャーカシャー
※咔嗒、咔嗒
這樣呢？
當 被點擊
尺寸設為 35 %
定位到 x: -200 y: 0
重複無限次
如果 滑鼠鍵被按下？ 那麼
面朝 鼠標 向
移動 10 點
造型換成下一個
連接了好多個積木啊……
※咔嗒
希望能順利執行！
從點擊旗幟開始，對吧？
カチッ
按下滑鼠時……
カチ
鸚鵡會跟著游標跑！
沒有按滑鼠時……
即使移動游標，鸚鵡也完全不動！

成功了！

也就是說，電腦不會自行思考或判斷……
所以才需要指令……

「如果A，則○○」，「如果不是A，則××」……像這樣根據條件下達指令，在進行程式設計時是非常重要的！
嘿嘿！

不告訴它，它就不懂……
電腦也沒什麼了不起嘛！

但有些人就算說了也聽不懂……
對對，的確有這種人，呵呵呵！

咦……

你是在說我嗎？
不說了，繼續、繼續！
我們快繼續往下做吧！

深入了解條件分歧

「條件分歧」是40頁介紹的「三大基本概念」之一。程式設計中最常用到這個概念，因此以下將深入探討。

條件分歧有兩種

根據「是」或「否」執行不同指令的條件分歧大致分成兩種。一種是像右邊這樣，只在「是」的時候才執行指令。另一種是像下面那樣，針對「是」或「否」分別執行不同指令。

「如果～那麼」A，「否則」B的條件分歧

如果是下面這種「根據抽籤結果，給客人獎品或安慰獎」的程式，會針對「是」或「否」的情況執行不同指令。

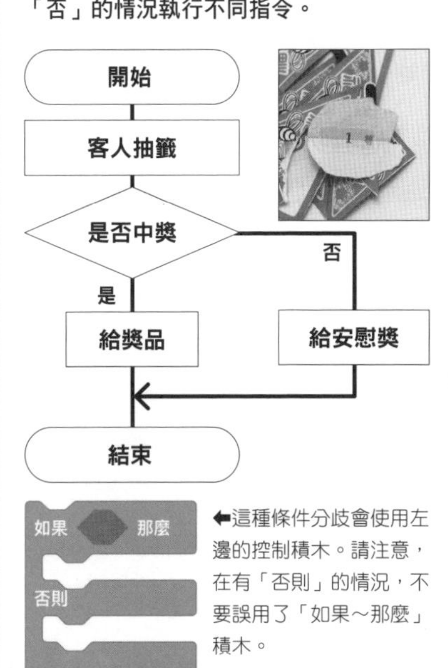

⬅這種條件分歧會使用左邊的控制積木。請注意，在有「否則」的情況，不要誤用了「如果～那麼」積木。

照片提供／Photo Library

「如果～那麼」A的條件分歧

如果是要寫下面這種「小學以下的使用者收費半價」的程式式，在「否」的情況下（例如使用者是國中生以上），不會執行任何指令。

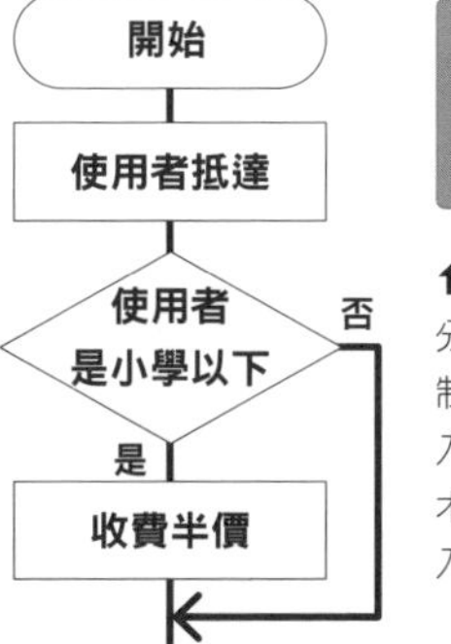

⬆Scratch中的條件分歧會使用上面的控制積木。如果符合放入六角形空格內的積木條件，就會執行嵌入的積木命令。

徹底掌握條件分歧
可以提高你的
程式設計能力喔！

◎左邊的「抽籤」範例如果在「否」的情況下，連安慰獎都沒有的話，就和右邊的「小學以下半價」條件分歧一樣。分歧的方式也會隨著設定的條件而產生變化。

用「條件分歧」讓角色動起來

使用上一頁出現過的「如果～那麼」積木，試著製作「只在按下滑鼠時」，角色才會動的腳本吧！

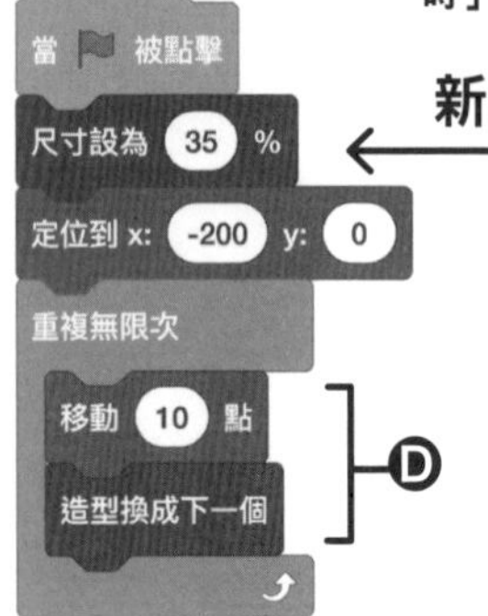

新增

Ⓐ 面朝 鼠標 ▾ 向

Ⓑ 滑鼠鍵被按下？

Ⓒ 如果 那麼

在「STEP 1」的腳本（左）新增上面3個積木

在「STEP 1」建立的鸚鵡腳本新增積木，讓鸚鵡在點擊滑鼠時，會拍動翅膀追著滑鼠游標跑。

讓角色追著滑鼠游標跑

※

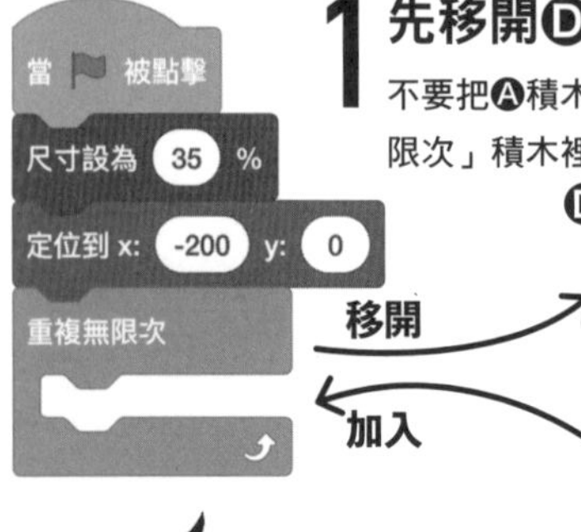

1 先移開Ⓓ

不要把Ⓐ積木直接嵌入「重複無限次」積木裡。

Ⓓ 移動 10 點
造型換成下一個

面朝 鼠標 ▾ 向
移動 10 點
造型換成下一個

2 新增Ⓐ積木

這是動作積木。讓角色面朝滑鼠游標的方向。

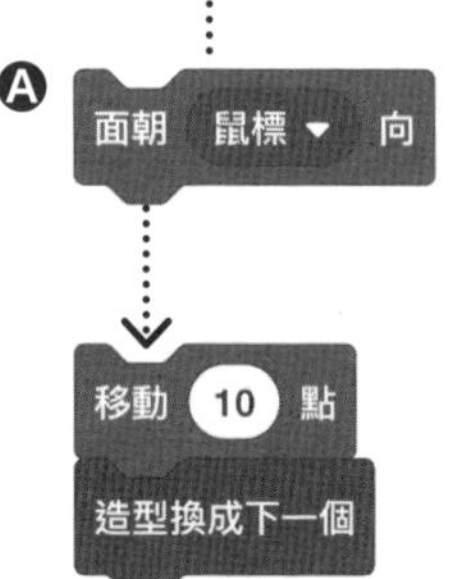

3 組合並插入

把Ⓐ加入Ⓓ後，再插入「重複無限次」積木中。

4 追著游標跑並拍動翅膀

在舞台上移動游標時，鸚鵡會跟著游標移動！

注意別弄錯積木的順序！

※…從這一頁開始，要分辨正在製作哪個角色的腳本。請點擊角色清單或背景圖示再開始！

讓角色「只在按下」滑鼠時才追著游標跑

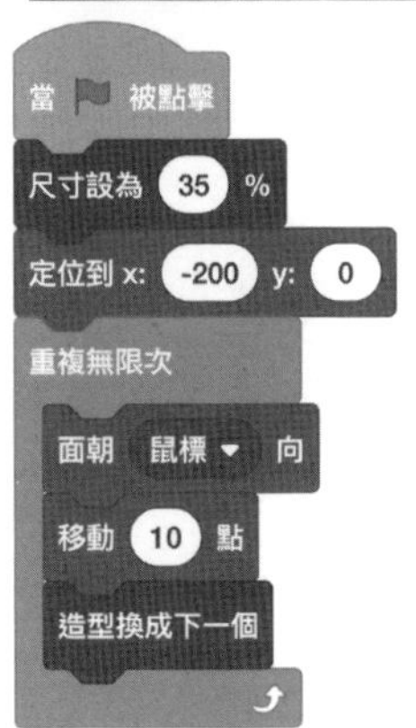

沒有點擊滑鼠仍持續拍動翅膀……

左邊的腳本即使沒有點擊滑鼠，只要點擊旗幟後，鸚鵡就會在原地追著游標，持續拍動翅膀。因此，我們試著新增積木，讓鸚鵡只在按著滑鼠時才會追著游標跑。

1 使用上一頁剩下的兩個積木

組合Ⓑ與Ⓒ積木，可以加上「只在滑鼠被點擊時」的條件。

Ⓒ

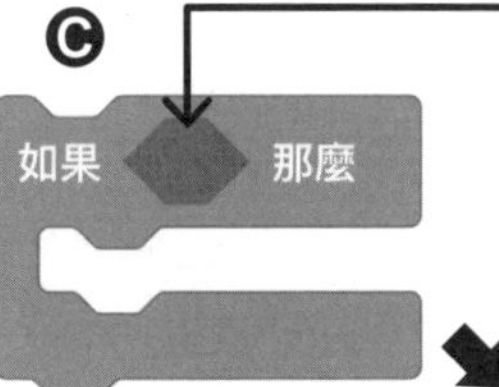

Ⓑ

滑鼠鍵被按下？

這是一種偵測積木，沒有凹凸，只要嵌入形狀同為六角形的空格內就可以使用。

2 將「滑鼠鍵被按下？」嵌入「如果～那麼」

將「滑鼠鍵被按下？」積木靠近「如果～那麼」積木的六角形空格時，六角形就會自動擴大。

輕鬆插入！

如果 滑鼠鍵被按下？ 那麼

也有無法單獨使用的積木

碰到 鼠標 ▾ ？

隨機取數 1 到 10

六角形的「○×積木」（第11頁）或兩端為圓弧形的「數值積木」（第9頁）需要嵌入其他與積木相同形狀的空格內才能使用。

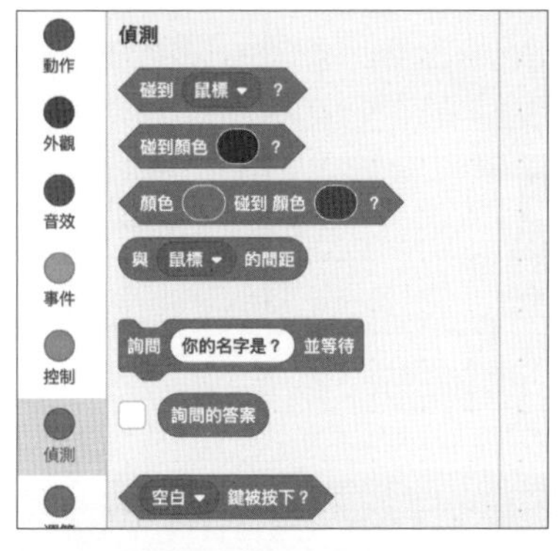

←這些積木上下沒有凸起或凹槽，即使點擊也不會執行指令。這種積木比較常出現在水藍色的偵測積木或綠色的運算積木中。請試著找一找！

3 完成「只在按下滑鼠時」執行特定動作

把54頁組合的積木插入55頁的條件積木裡，接著插入「重複無限次」積木內。

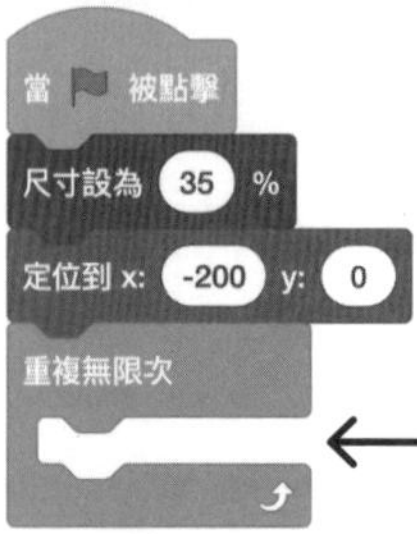

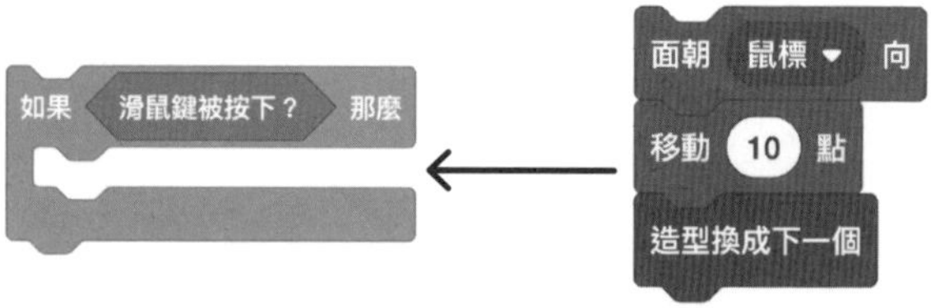

```
當 🏴 被點擊
尺寸設為 35 %
定位到 x: -200 y: 0
重複無限次
```

```
如果 滑鼠鍵被按下？ 那麼
```

```
面朝 鼠標 ▾ 向
移動 10 點
造型換成下一個
```

⬇ 完成！

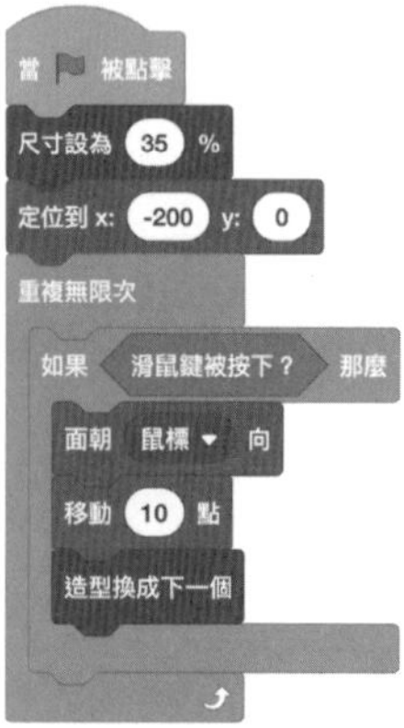

```
當 🏴 被點擊
尺寸設為 35 %
定位到 x: -200 y: 0
重複無限次
  如果 滑鼠鍵被按下？ 那麼
    面朝 鼠標 ▾ 向
    移動 10 點
    造型換成下一個
```

點擊滑鼠時……

咔嗒

咔嗒

咔嗒

咔嗒

咔嗒

←如果點擊滑鼠時，鸚鵡會追著游標拍動翅膀，但是不再點擊時，就停止動作，那就成功了。

當 🏴 被點擊
尺寸設為 35 %
定位到 x: -200 y: 0
重複無限次
如果 滑鼠鍵被按下？ 那麼
面朝 鼠標 ▾ 向
移動 10 點
造型換成下一個
等待 0.2 秒
這是一種控制積木。加入一些等待時間比較容易移動，建議加進去。
試著改變數值或執行順序，看看有什麼變化吧！
這一章要設計的程式到此為止，請測試看看是否能成功執行吧！

來製作角色吧！①

挑戰用「繪畫工具」創造出世上獨一無二的原創角色！

⬆這是本次的作品範例。請嘗試製作出每秒眼睛和像尾巴的鐘擺會左右擺動的角色。

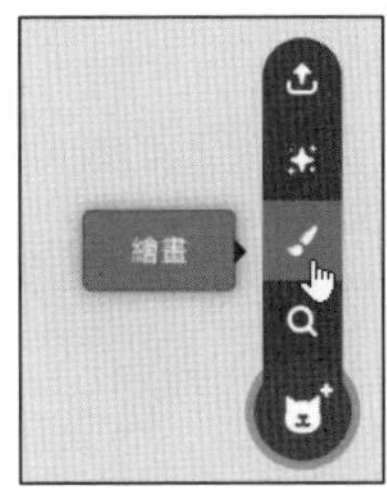

❶游標移動到貓咪圖示（41頁）的上方，選擇「繪畫」！

❷會顯示出如下圖的造型畫面，在這裡繪製的畫作就會成為原創角色。

改變填滿與外框的顏色

點擊Ⓐ或Ⓑ的「▼」，會顯示「顏色」「彩度」「亮度」等項目，如下所示。請調整這些項目的數值。

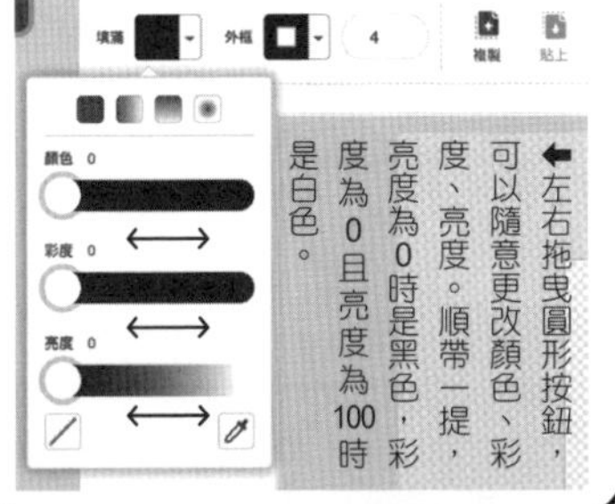

⬅左右拖曳圓形按鈕，可以隨意更改顏色、彩度、亮度。順帶一提，亮度為0時是黑色，彩度為0且亮度為100時是白色。

如果這裡顯示的是「轉換成向量圖」，請點擊切換為「轉換成點陣圖」！

●如果顯示為「轉換成向量圖」，用橡皮擦擦去繪製的線條後，可能會有殘留。在其他頁面使用「繪畫工具」時，也要確認是否顯示為「轉換成點陣圖」。

眼睛
瞳孔
耳朵
鼻子
嘴巴
鐘擺
這是所有的元件！

➡上面的作品只要使用右上方的❸❹❻❾功能就能完成。每一個元件都是由圓形與線條構成，所以很簡單！必須稍微注意嘴巴的彎曲線條。後續說明請見119頁，立刻開始動手繪製角色吧！

☆之後請參考119頁「來製作角色吧！②」！

第3章 思考過程～流程圖

鸚鵡就是這樣動起來的呢！

不知道還能做出什麼樣的程式，真讓人期待！

小鶇確實已經把程式寫到這個程度……

她哥哥失蹤的原因目前還不清楚……

如果要解開這個謎團……

必須盡快完成這個程式才行！

STEP 3

- 我在客廳，紅色牆壁會把我彈回。
- 我想讓翅膀休息，回到西北方的家。

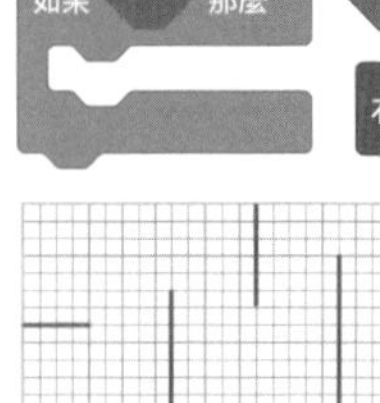

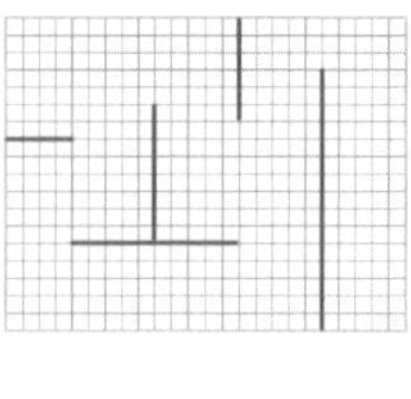

◎「紅色牆壁」的製作方法請參考下一頁開始的說明！

在背景上畫紅色線條

這是上一頁第5格漫畫的後續。我們要利用方格背景，在客廳的背景畫上紅色線條。由於步驟比較多，請一步一步仔細操作！

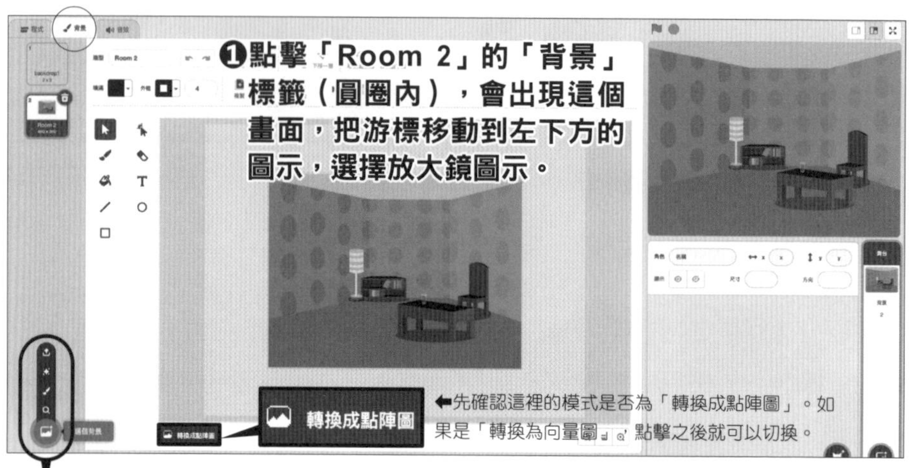

❶點擊「Room 2」的「背景」標籤（圓圈內），會出現這個畫面，把游標移動到左下方的圖示，選擇放大鏡圖示。
轉換成點陣圖
⬅先確認這裡的模式是否為「轉換成點陣圖」。如果是「轉換為向量圖」，點擊之後就可以切換。

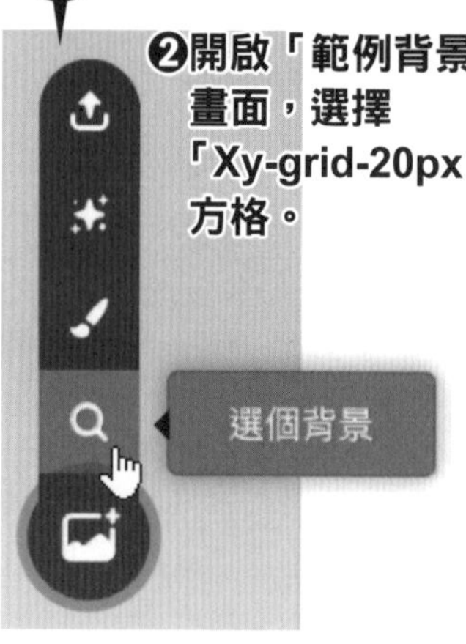

❷開啟「範例背景」畫面，選擇「Xy-grid-20px」方格。
選個背景

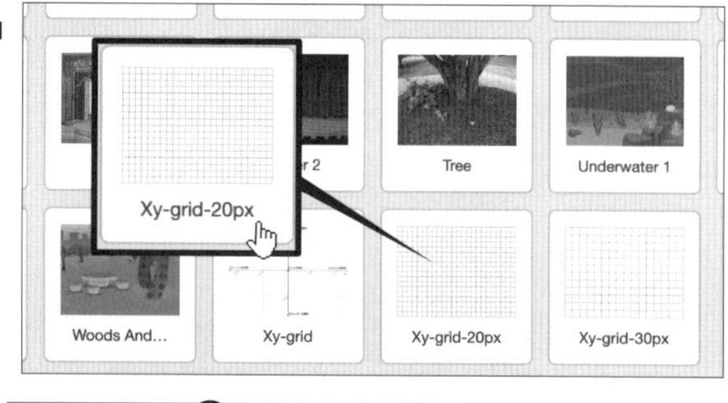

❸複製方格背景

開啟右邊的方格背景畫面後，依序執行①到④的操作。這樣就可以將方格背景複製到「Room 2」的畫面上！如果弄錯操作順序，後面可能會發生一些問題，操作時請小心謹慎。

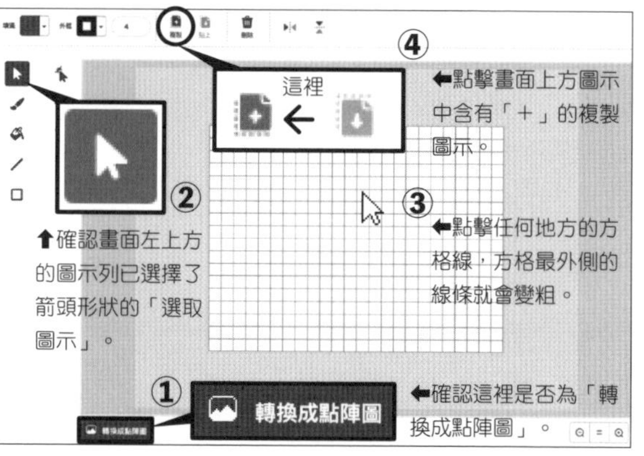

④
這裡
⬅點擊畫面上方圖示中含有「＋」的複製圖示。
②
⬆確認畫面左上方的圖示列已選擇了箭頭形狀的「選取圖示」。
③
⬅點擊任何地方的方格線，方格最外側的線條就會變粗。
①
轉換成點陣圖
⬅確認這裡是否為「轉換成點陣圖」。

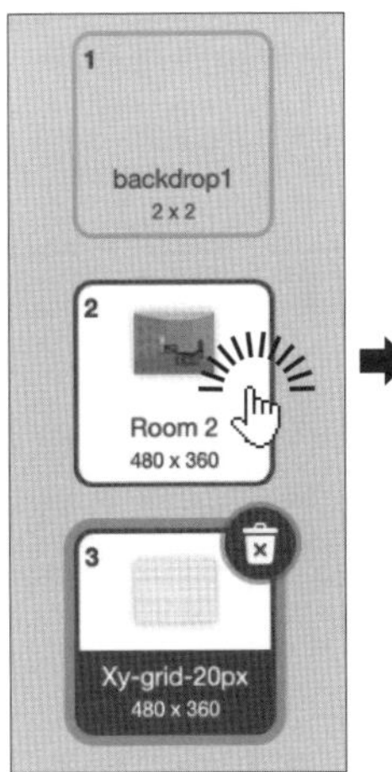

❹點擊畫面左側的「Room 2」圖示，回到「Room 2」畫面，並點擊貼上圖示

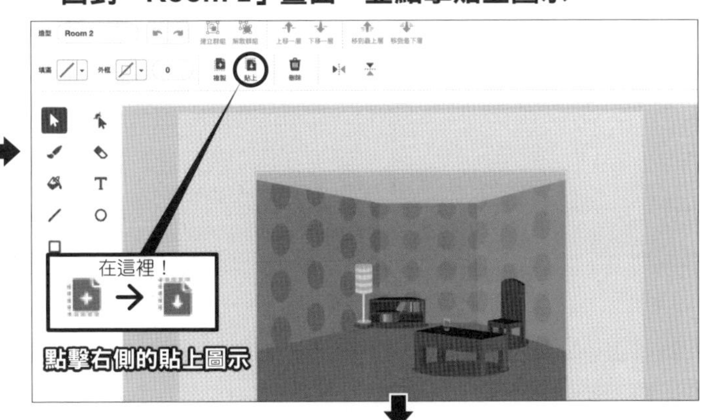

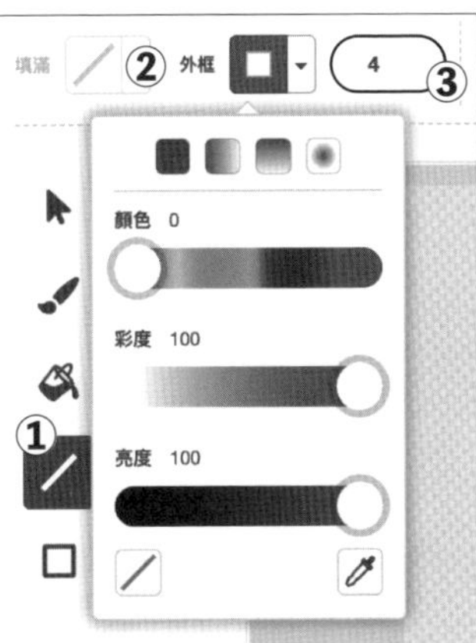

➡貼上方格之後，先確認畫面下方是否顯示為「轉換成點陣圖」。

⬅接著點擊①「線條工具」，將②「外框」顏色設定成紅色，如左圖所示。最後在③將線條粗細設定成4。

❺在「Room 2」貼上方格後，參考以下範例，使用「線條工具」繪製紅色線條

按照上述說明完成準備工作後，在方格畫上紅色線條。只要拖曳滑鼠，就能畫出線條。此時，建議按住電腦鍵盤上的「Shift」鍵（請參考67頁）並使用滑鼠，就可以畫出筆直的線條。此外，實際繪製線條時，粗細設定成「4」即可，但是在61和62頁為了方便辨識，刻意將粗細設定成「10」。

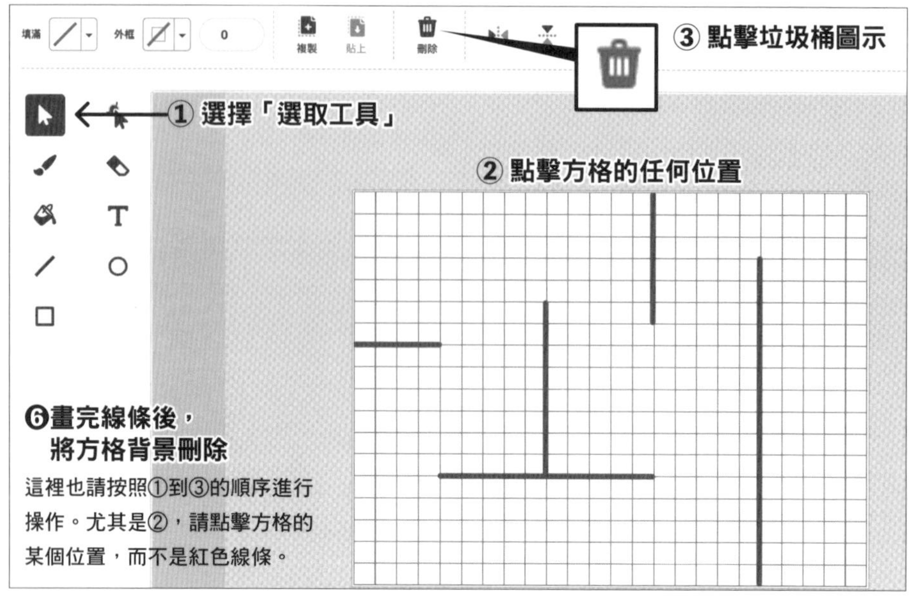

**❻畫完線條後，
將方格背景刪除**

這裡也請按照①到③的順序進行操作。尤其是②，請點擊方格的某個位置，而不是紅色線條。

**❼在步驟❻點擊垃圾桶圖示後，只刪除方格，
將紅色線條留在「Room 2」內即完成！**

雖然也可以不使用方格畫面，直接在客廳的背景上畫線，但是這樣很難畫出筆直的線條。儘管步驟多且有點麻煩，還是要試著用方格來畫線。

加上背景之後，感覺更像遊戲了呢！
看起來就像用紅色線條隔成的迷宮！
「迷宮」！
原來如此！
「我＝鸚鵡」「想讓翅膀休息」的「西北方的家」，其實是迷宮的終點！
終點
（西北）
北
西
東
南
西北方是舞台的左上方，鸚鵡應該要朝這裡前進吧……
※請參考70頁。
「家」指的是「STEP 3」出現的這個角色……
就像剛才的鸚鵡一樣，把這個角色放在左上方就可以了※！
接下來要讓鸚鵡撞到「牆壁」時會反彈……
現在的鸚鵡會直接穿過牆壁呢……
該用哪些積木呢？把過程畫成圖示會比較容易看出來……
鸚鵡的動作
點擊旗幟
按下滑鼠
否
是
朝向游標拍動翅膀
前進10點
這就稱為「流程圖」，目前鸚鵡的動作應該是這樣，對吧？

如果要讓鸚鵡在「『移動10點』的過程中，撞到牆壁就反彈」，流程圖應該會變成這樣吧？
點擊旗幟
按下滑鼠
否
是
朝向游標方向
拍動翅膀前進10點
撞到牆壁
否
是
反彈
這樣的話，有「如果撞到牆壁」或「反彈」這樣的積木嗎？
動作
移動 10 點
右轉 15 度
左轉 15 度
定位到 隨機 位置
定位到 x: 123 y: -11
滑行 1 秒到 隨機 位置
滑行 1 秒到 x: 123 y:
面朝 90 度
面朝 鼠標 向
x 改變 10
x 設為 123
y 改變 10
y 設為 -11
※在積木面板中顯示為「右轉15度」。
能不能使用「STEP 3」出現過的積木呢？
如果 那麼
碰到顏色 ?
右轉 180 度
既然牆壁是紅色線條，改成「如果碰到紅色」呢？
如果 那麼
碰到顏色 ?
這裡的顏色可以隨意更換，請參考69頁。
好主意！同樣的把「反彈」換成「鸚鵡改變面朝的方向」……
※
右轉 180 度
使用這個積木如何？
把這些積木加進去應該是這樣吧？
當 被點擊
尺寸設為 35 %
定位到 x: -200 y: 0
重複無限次
如果 滑鼠鍵被按下？ 那麼
面朝 鼠標 向
移動 10 點
造型換成下一個
等待 0.2 秒
如果 碰到顏色 ? 那麼
右轉 180 度
←積木的組合方法請參考70頁。
哇，增加了好多積木呢！趕快來試試吧！

※咻、翻滾

牆壁

ツウー

太棒了，成功了！

鸚鵡按照指令做出動作了！

試圖穿過迷宮回家的鳥（鸚鵡）……

嗯？到「STEP 2」為止，鸚鵡代表的是「你」，不過「STEP 3」卻變成了「我」？

・我在客廳，紅色牆壁會把我彈回。

・我想讓翅膀休息，回到西北方的家。

難道……

小鶇，你哥哥叫什麼名字？

他叫山雀……

兄

北長尾山雀

斑鶇

山雀！果然是鳥類的名字……

來繪製流程圖吧！

使用符號表示執行程式順序的流程圖，可以幫助你整理程式設計的步驟，可以多多練習喔！

畫法超簡單！

流程圖主要使用四種符號，從起止符號開始，中間夾入處理、判斷符號，最後以起止符號結尾。用流程思考各種事情會比較清楚，例如以下的過馬路範例。

○過馬路的流程圖

流程圖的流程為由上到下、從左至右，符號之間用直線連接。如果要回溯步驟，會使用含箭頭的線條。

從判斷符號延伸出兩條以上的線條，會在各個線條的附近寫上「是」或「否」的判斷。

一個「處理」符號只寫上一項處理，如果把多項處理寫在一個符號內，會變得難以理解。

流程圖常用的符號

圖形符號		功能
	起止	表示程式開始或結束，使用的是兩端為圓角的長方形符號，通常放在流程圖的最上方與最下方。
	處理	這是流程圖中最常用的符號，使用的是代表動作或操作的長方形。
	判斷	使用菱形符號代表處理分成兩種以上的條件，如「是」或「否」。
	重複	以類似梯形的六邊形代表要執行多次的處理。用於表示重複的條件和結束重複的條件。

試著把每天習以為常的事情都畫成流程圖吧！

完成迷宮的「背景」吧！

在背景加入紅色線條，並在線條設定當鸚鵡碰到時，會像撞到牆壁一樣反彈的腳本！

首先，請按照60～62頁的步驟在「Room 2」畫上紅色線條

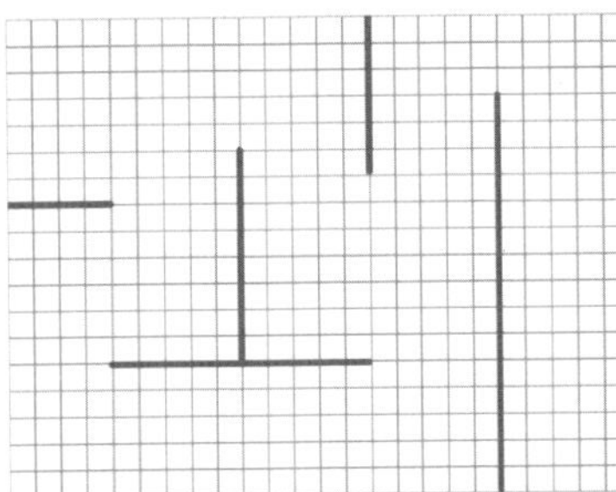

在方格上畫紅色線條

刪除方格，只把紅色線條貼至「Room 2」

利用「繪畫工具」創造出更豐富的背景！

除了畫線之外，還可以使用「繪畫工具」為背景增加各種細節！

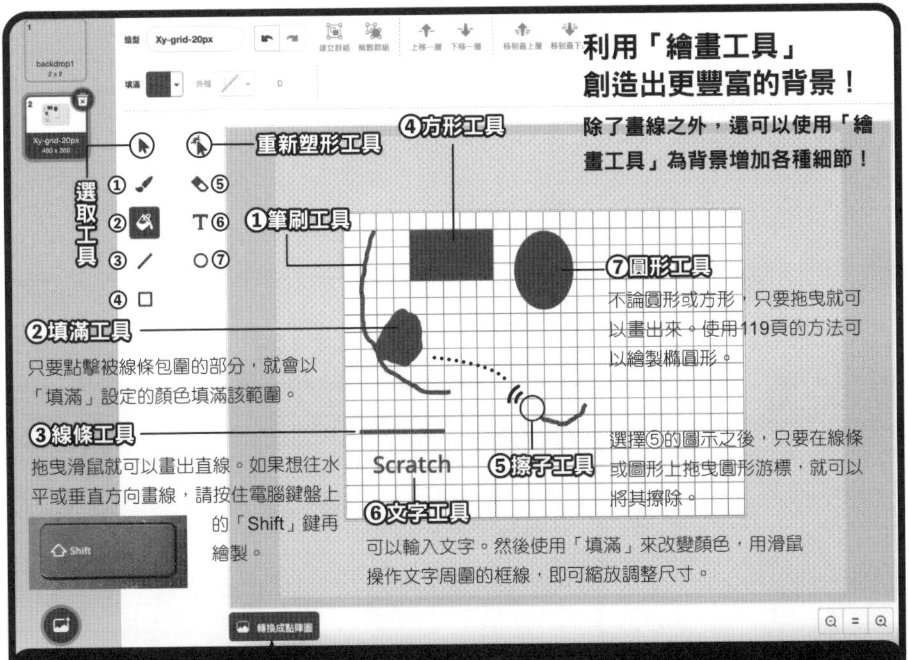

選取工具

重新塑形工具

①筆刷工具

④方形工具

⑦圓形工具

不論圓形或方形，只要拖曳就可以畫出來。使用119頁的方法可以繪製橢圓形。

②填滿工具

只要點擊被線條包圍的部分，就會以「填滿」設定的顏色填滿該範圍。

③線條工具

拖曳滑鼠就可以畫出直線。如果想往水平或垂直方向畫線，請按住電腦鍵盤上的「Shift」鍵再繪製。

⑤擦子工具

選擇⑤的圖示之後，只要在線條或圖形上拖曳圓形游標，就可以將其擦除。

⑥文字工具

可以輸入文字。然後使用「填滿」來改變顏色，用滑鼠操作文字周圍的框線，即可縮放調整尺寸。

「畫圖」時，分成點陣圖和向量圖兩種模式。建議使用縮放也不會失真的「向量」模式。設定成向量模式時，這裡的按鈕會顯示為「轉換成點陣圖」，因此如果是「轉換成向量圖」，請點擊一下，切換模式。

讓紅色線條變成迷宮的「牆壁」！

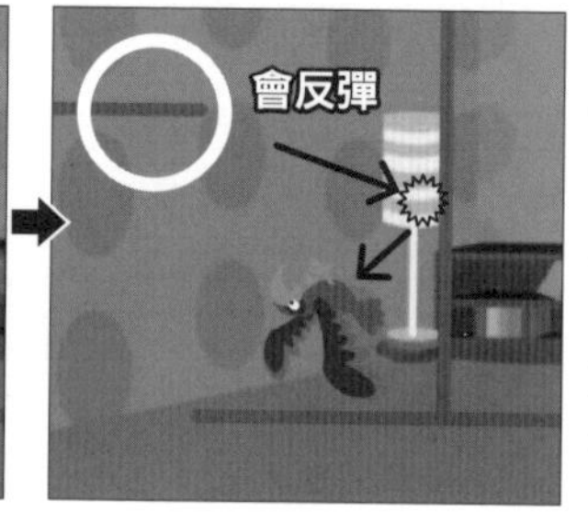

避免穿過牆壁

雖然我們已經在背景畫上紅色線條，但是現在鸚鵡即使碰到紅色線條（牆壁）也不會反彈，而是穿過去。如果要讓鸚鵡碰到牆壁就反彈，應該在鸚鵡的腳本加上哪些積木呢？

按照右邊的流程圖來設計程式

別盲目組合積木，何不先畫出流程圖，思考反彈的條件？

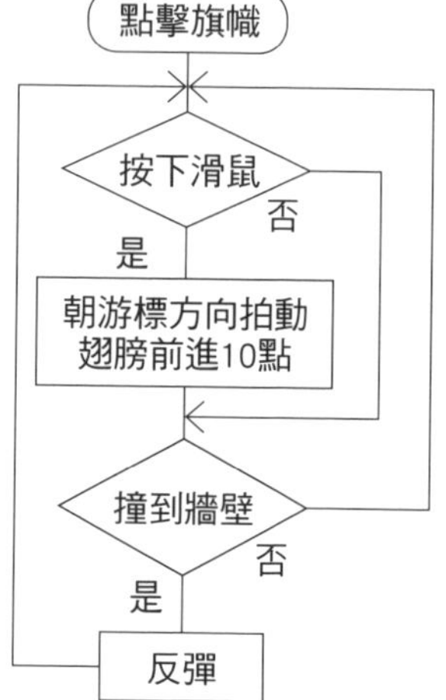

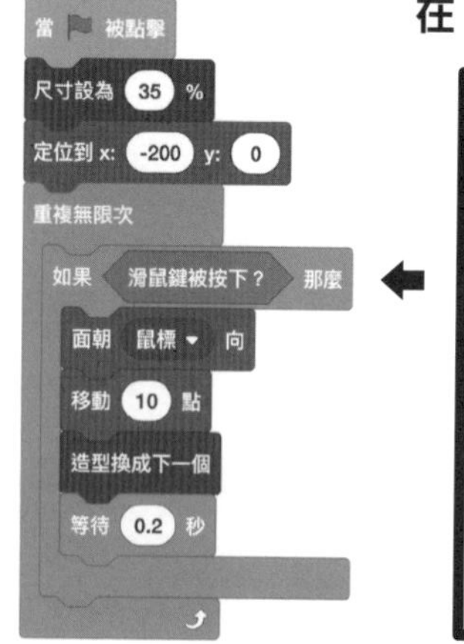

在「STEP 2」製作的程式（左）新增以下四個積木

碰到顏色 ？

如果 那麼

←雖然沒有「碰到紅色牆壁就反彈」的積木，但可以用組合「碰到顏色 ？」積木來做出一樣的效果。請把這裡的「顏色 」設定成線條（牆壁）的紅色。

右轉 180 度

移動 20 點

➡鸚鵡的反彈動作是用右邊這兩個動作積木來呈現。撞到之後，會旋轉並離開牆壁。

程式設計 STEP❸

1 把「碰到顏色⬤？」的「⬤」設定成牆壁的紅色

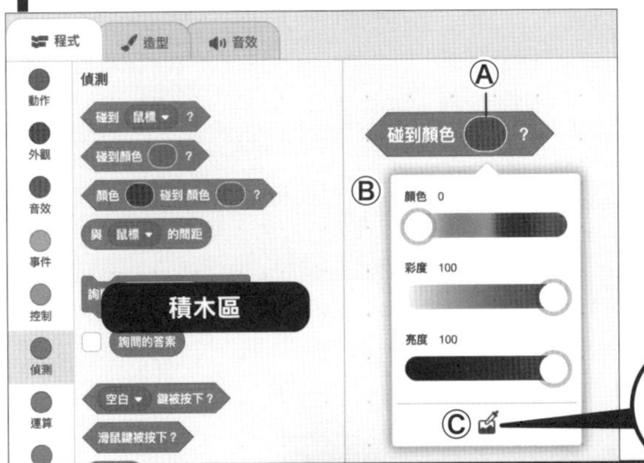

❶從積木面板取出「碰到顏色⬤？」積木，點擊Ⓐ之後，會顯示Ⓑ視窗。

❷點擊視窗最下方的Ⓒ滴管圖示。

❸將游標移動到舞台上，游標就會變成「鏡頭」。游標指的地方就是鏡頭的中心。

❹將鏡頭中心放在紅色線條上並點擊。這樣「碰到顏色⬤？」的「⬤」就會變成紅色。

➡還有另外一個方法可以把「碰到顏色⬤？」的「⬤」變成紅色。點擊Ⓓ，就會顯示顏色、彩度、亮度，如Ⓔ所示。左右移動圓形按鈕，將顏色設定為0，彩度設定為100，亮度設定為100，就會變成紅色。

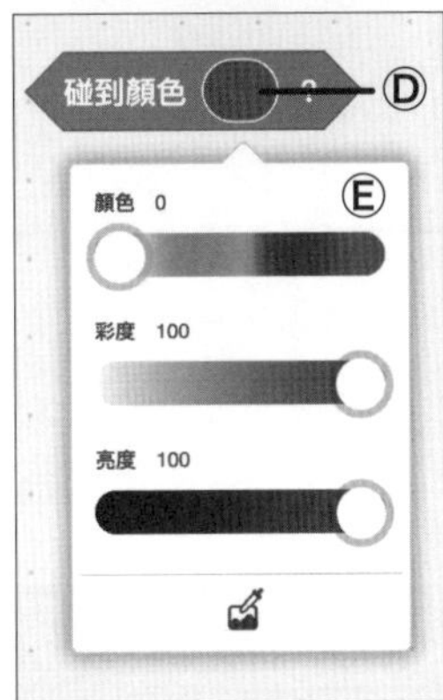

2 建立「因牆壁而反彈」的條件

將68頁提到的4個積木組合其來，然後整合至「STEP 2」的鸚鵡腳本內。

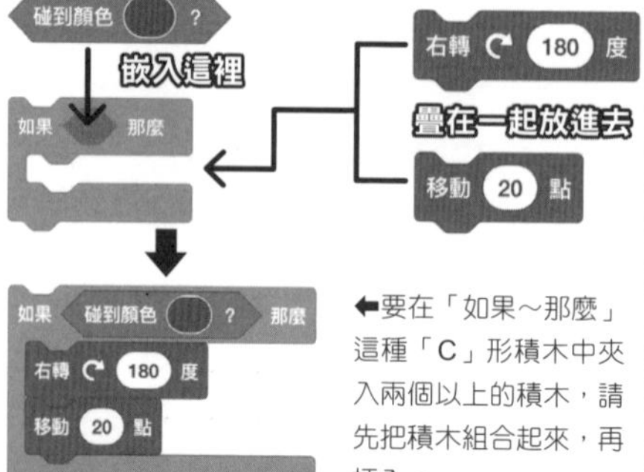

⬅要在「如果～那麼」這種「C」形積木中夾入兩個以上的積木，請先把積木組合起來，再插入。

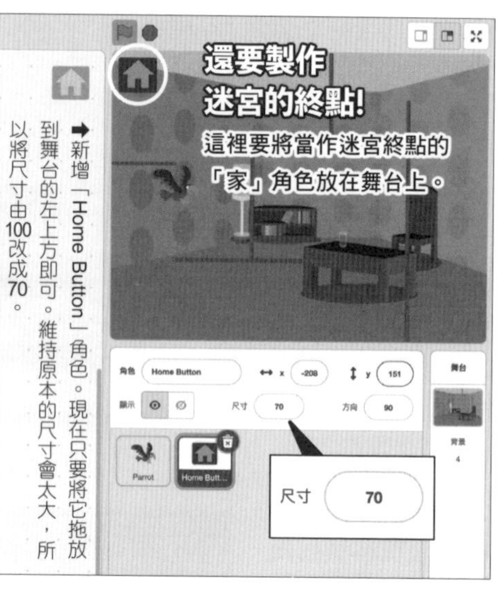

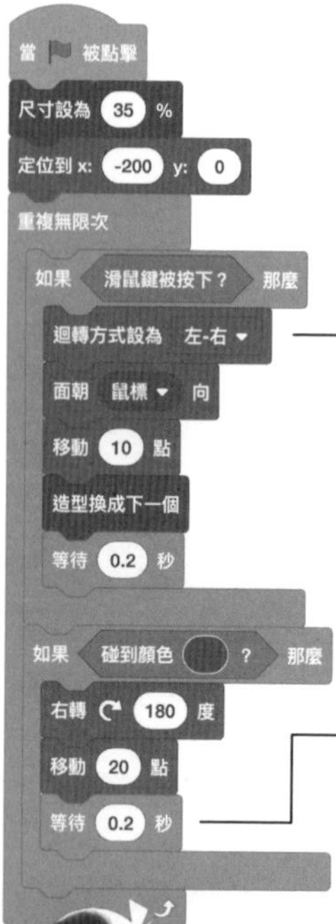

➡新增「Home Button」角色。現在只要將它拖放到舞台的左上方即可。維持原本的尺寸會太大，所以將尺寸由100改成70。

當 🏴 被點擊
尺寸設為 35 %
定位到 x: -200 y: 0
重複無限次
如果 滑鼠鍵被按下？ 那麼
迴轉方式設為 左-右 ▾
面朝 鼠標 ▾ 向
移動 10 點
造型換成下一個
等待 0.2 秒
如果 碰到顏色 ? 那麼
右轉 180 度
移動 20 點
等待 0.2 秒

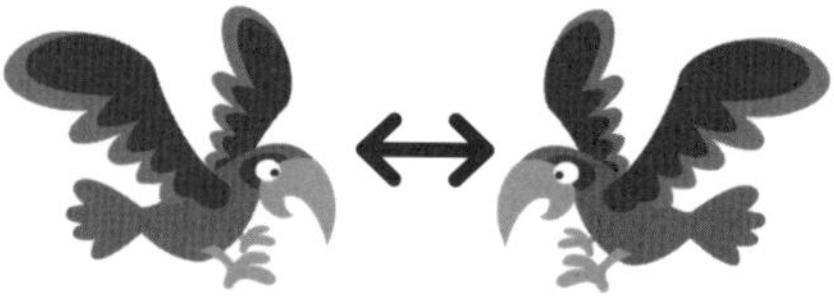

要增加讓鸚鵡不會翻轉，始終朝向右或左的動作積木。

這裡和拍動翅膀前進時一樣，反彈後稍微等一下會比較容易移動，所以加上這個積木。

如果牆壁沒有變成紅色，
鸚鵡就不會反彈，
這一點要特別注意！

這一章要設計的程式到此為止，請測試看看是否能成功執行吧！

第4章　絕對位置～座標與位置

程式中的鸚鵡雖然「想飛回家」，卻「在房間裡」。你哥哥試著透過這個程式告訴你他現在的狀況……

會用程式的方式，應該是直接說出來，被壞人發現的話，可能會對你不利……

小鵜，振作一點！
你哥他相信你，才把這個程式託付給你！

ハッ
※嗯
我明白了！

我一定會完成這個程式，把哥哥救出來的！

說的好！來，把眼淚擦一擦……

嗯……
還是一樣讓人看不懂啊！

STEP 4

- 用畫筆創造出88枚金幣
- 比我早4年的入侵者往正西→正東→正西→正東……

迴轉方式設為 左-右

碰到邊緣就反彈

定位到 x: -200 y: 0

「88枚金幣」是什麼意思啊？

我已經習慣這種謎語了！

首先，把「88」換成國字，就是「八十八」。把它們組合起來，就變成「米」字。美國在日文裡的代表字是「米」，換句話說，「米的金幣」就是指美元金幣！

88
↓
八十八
↓
米

也就是說，按照接下來的方式製作出金幣的圖案。

建立金幣角色

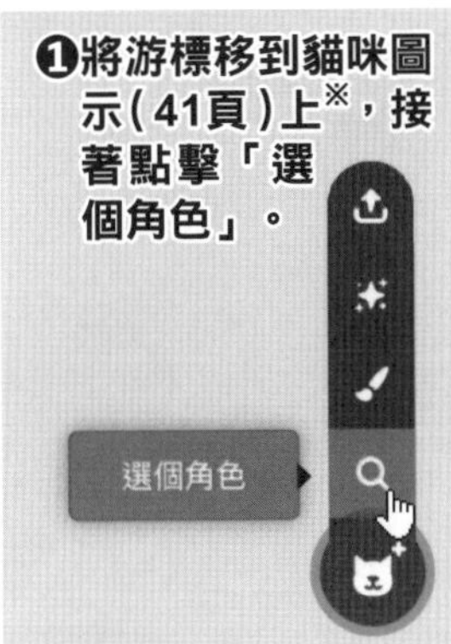

❶將游標移到貓咪圖示(41頁)上※，接著點擊「選個角色」。

❷在開啟的畫面中點擊「Ball」。

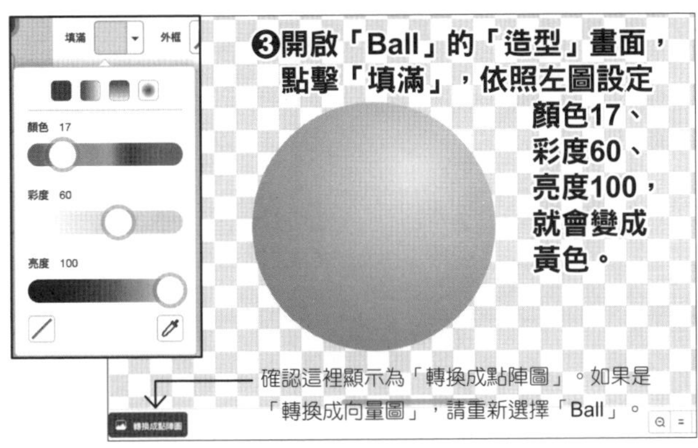

❸開啟「Ball」的「造型」畫面，點擊「填滿」，依照左圖設定顏色17、彩度60、亮度100，就會變成黃色。

確認這裡顯示為「轉換成點陣圖」。如果是「轉換成向量圖」，請重新選擇「Ball」。

❹點擊油漆桶按鈕，再點擊「Ball」，這樣「Ball」就會變成❸設定的顏色。

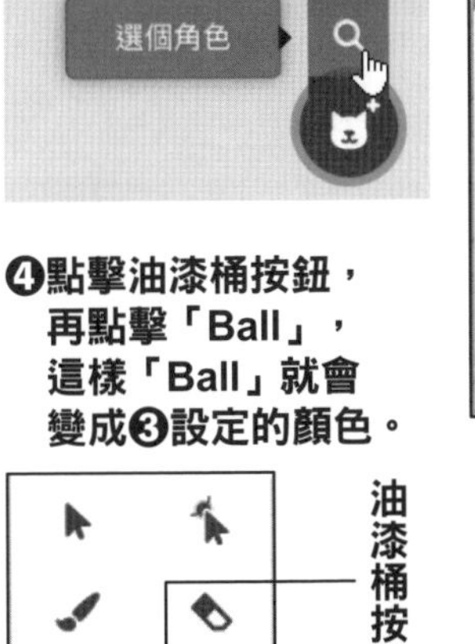

❺點擊文字圖示，將「填滿」的亮度設定為0（黑色），接著點擊「Ball」，輸入文字。

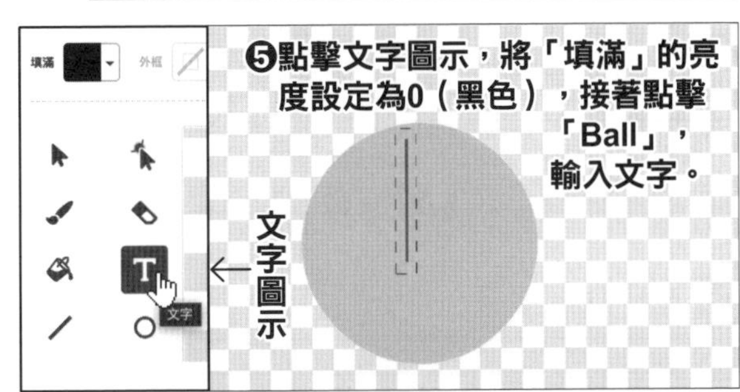

❻輸入「$」，點擊虛線框之後……

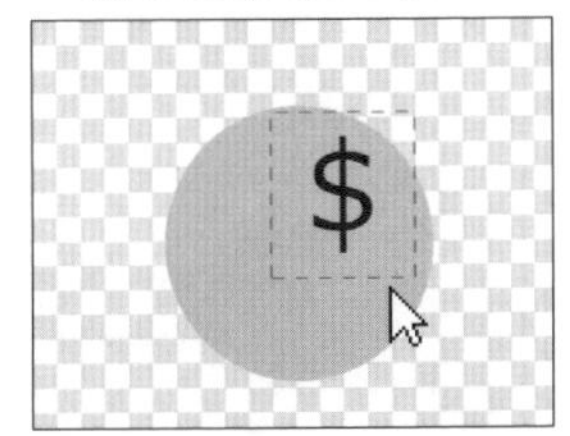

❼當虛線框變成實線框後，就可以調整大小。

❽按照「Ball」的尺寸放大，並將角色名稱改為「Coin」即完成！

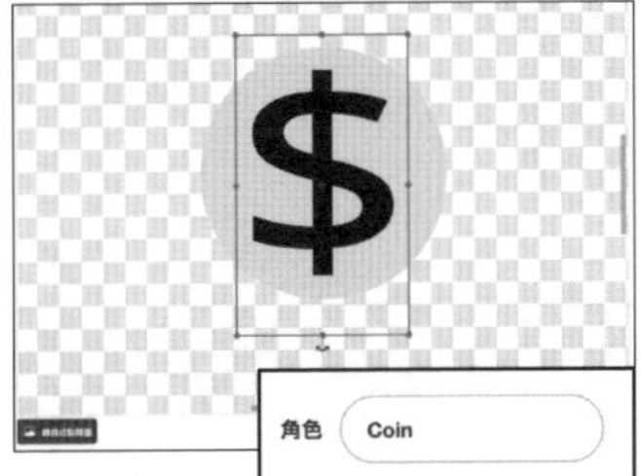

※當游標移到貓咪圖示上時，上面就會出現提示，如圖所示。

光彥，
不錯嘛！
沒有啦！
沒有柯南還是
不行啊……

這句「比我早四年
的入侵者」不知道
是什麼意思……
關鍵應該是
「四年」的
「年」吧……

我＝鳥，
生肖裡的雞
屬於鳥類，
所以與鳥和年
有關的是……
啊！
是天干地支，
對吧？
雞是酉年……

比酉早四年
的話是巳，
也就是蛇年！
辰
巳 ④
午 ③
未 ②
申 ①
酉 ↑

沒錯！至於
「正西↓
正東↓……」
應該是指
蛇像這樣
在舞台上
來回移動吧？
西
東

那就來增加
蛇這個
角色……
Sasha
Saxophone
Snake
Snowflake
Sun
Sunglasses1
Taco
Trampoline
Tree1
Trees

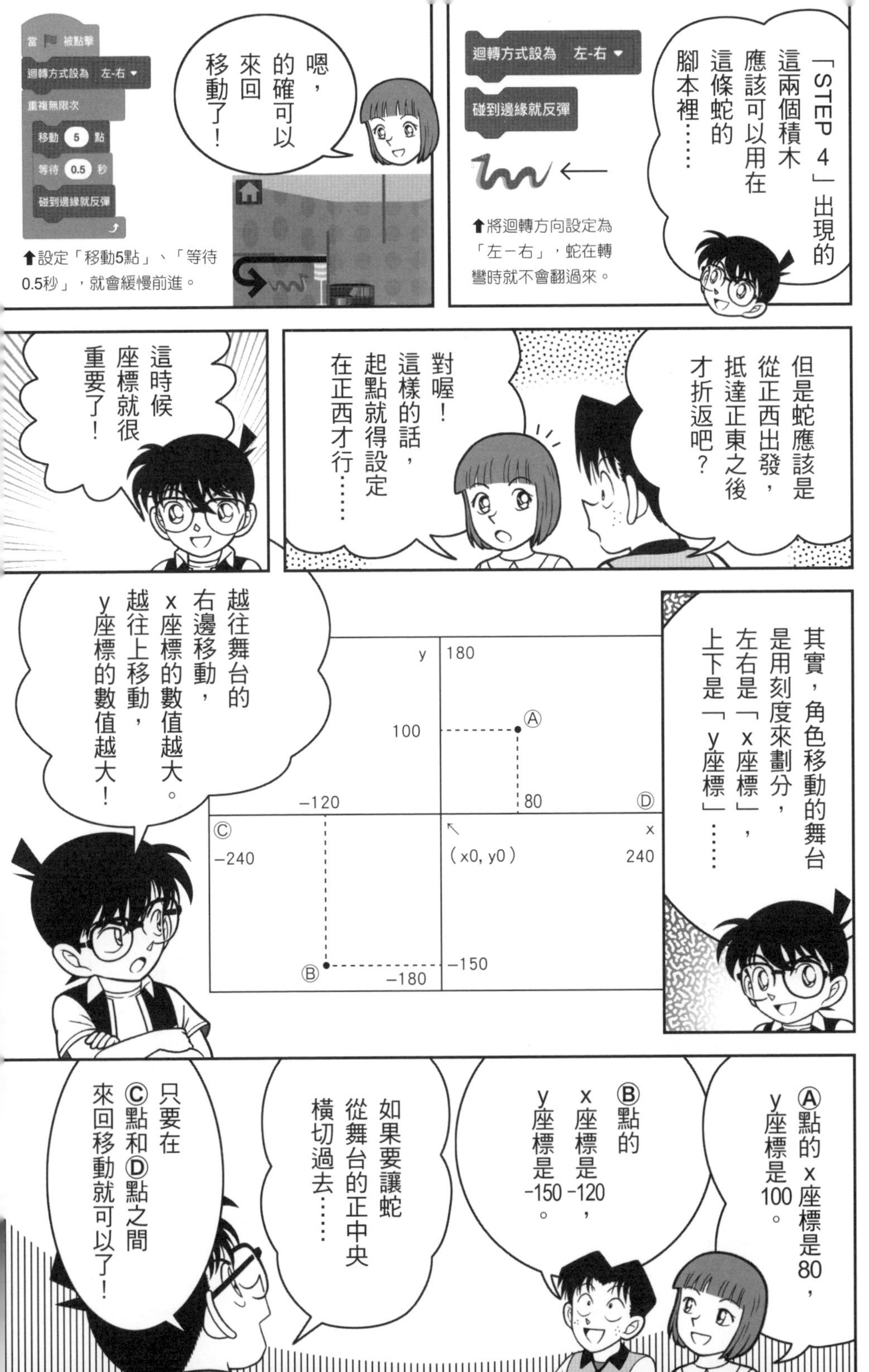

當 被點擊
迴轉方式設為 左-右
重複無限次
移動 5 點
等待 0.5 秒
碰到邊緣就反彈
嗯，的確可以來回移動了！
迴轉方式設為 左-右
碰到邊緣就反彈
「STEP 4」出現的這兩個積木應該可以用在這條蛇的腳本裡……
但是蛇應該是從正西出發，抵達正東之後才折返吧？
對喔！這樣的話，起點就得設定在正西才行……
這時候座標就很重要了！
其實，角色移動的舞台是用刻度來劃分，左右是「x座標」，上下是「y座標」……
越往舞台的右邊移動，x座標的數值越大。越往上移動，y座標的數值越大！
y
180
100
Ⓐ
80
Ⓓ
–120
Ⓒ
–240
(x0, y0)
x
240
–150
Ⓑ
–180
Ⓐ點的x座標是80，y座標是100。
Ⓑ點的x座標是-120，y座標是-150。
如果要讓蛇從舞台的正中央橫切過去……
只要在Ⓒ點和Ⓓ點之間來回移動就可以了！

⬆設定「移動5點」、「等待0.5秒」，就會緩慢前進。

⬆將迴轉方向設定為「左－右」，蛇在轉彎時就不會翻過來。

※在積木選單中是顯示為「定位到x:0 y:0」。

喔，成功了！

這枚金幣和這條蛇，在遊戲中有什麼關聯性？真令人期待！

金幣……蛇=Snake……

該不會！

ダッ

※噠

喂，怎麼了？柯南！

從今天早上開始，各地的行動支付系統就陸續出現問題……

下一則新聞……

NNS 館津手人

今天早上開始，各家公司的行動支付系統就陸續出現問題，至今仍未恢復……

無法確認餘額的狀況仍未排除……
等到可以確認之後，所有餘額就都會歸零了……
グックックッ…
※嘿嘿嘿
不愧是我們金幣蛇選中的人啊……
カシャ
カシャ
カシャ
※喀嚓、喀嚓、喀嚓
接下來你可別有什麼奇怪的念頭！
チャッ
※鏘
ヒュッ
ビイィーン
※咚、咻～
小鶇……
靠你了……已經沒時間了！
喂，高木警官！
今天早上發生的行動支付系統入侵事件，犯人就是……

用來顯示位置的「座標」

座標是國中數學會學到的內容，卻是掌握角色位置和動作不可缺少的關鍵，所以我們要慢慢熟悉！

「水平」為x座標，「垂直」為y座標

首先要記住「水平位置為x座標，垂直為y座標」，「x座標越大越往右移，y座標越大越往上移」。

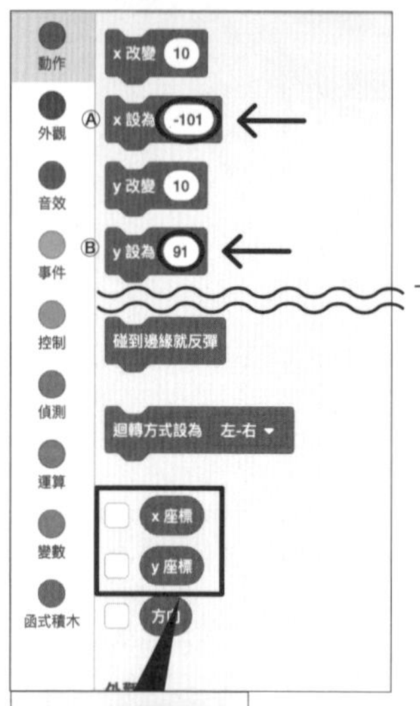

⬆積木選單中的積木Ⓐ與積木Ⓑ中的數字會隨著角色移動而改變，這些數字就是座標。勾選「x座標」、「y座標」這兩個數值積木之後……

⬆就會像這樣，在舞台上顯示該角色的x座標、y座標。取消勾選數值積木，座標顯示就會消失。

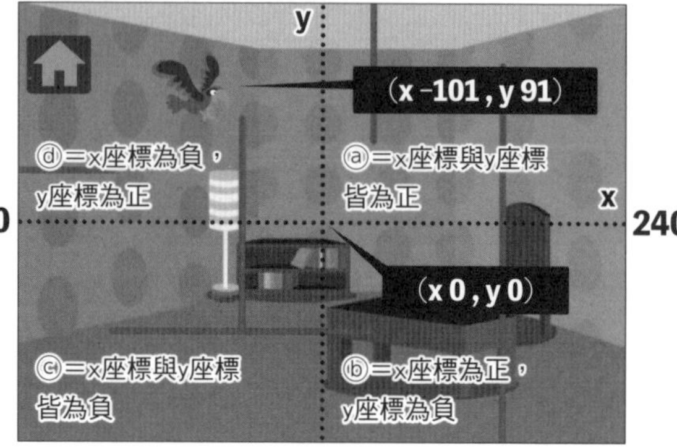

●x座標從左到右是-240到240，y座標由下到上是-180到180。舞台中央的座標是x、y皆為0。

●如果看到座標也無法確定角色在舞台上的位置，可以先像上面這樣，分成ⓐ到ⓓ四個區域。根據x座標、y座標是正或負，判斷角色位於哪一個區域。

有小於0的數字？

負數通常用來顯示溫度等數值。與正數不同，負數的數字越大，數值就越小（例如：「-5」比「-2」小3）。

⬅方向也是用正負來表示。右邊和上面是正，左邊和下面是負。例如「向右走10步」也可以說是「向左走-10步」。

影像提供／photo library

◎請記住！大於0的正數會顯示為「2」，不會寫成「+2」。

放置鸚鵡的敵人「蛇」

在74～76頁已經介紹過新增「蛇」這個角色的方法，接下來這兩頁會再說明得更詳細一點。

把蛇加進去

與41頁選擇鸚鵡角色的方法完全相同，不過直接放到舞台上會太大，因此將尺寸從100縮小成40。

選擇「Snake」！

讓蛇在舞台上左右來回移動

接下來，要讓蛇橫跨舞台來回移動。請按照左下圖把積木組合起來。

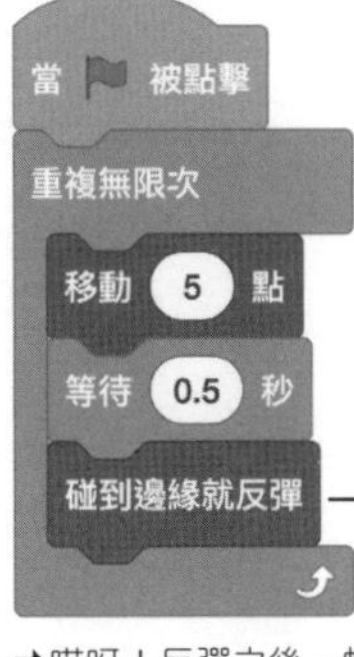

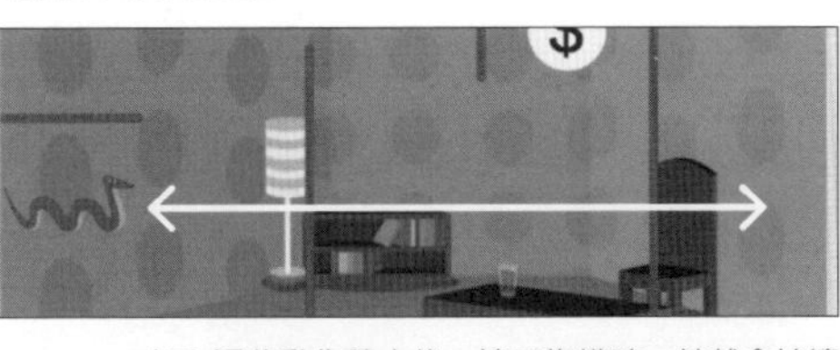

加入這些動作積木後，按下旗幟時，蛇就會持續橫跨舞台來回移動，不過……

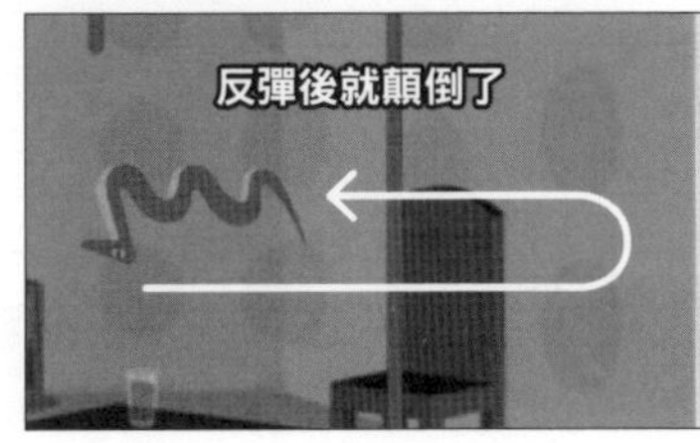

➡哎呀！反彈之後，蛇變成以肚子朝天的狀態前進了。只要加入某個動作積木就能解決這個問題囉！

增加避免翻轉的指令

```
當 🏴 被點擊
迴轉方式設為 左-右 ▼
重複無限次
  移動 5 點
  等待 0.5 秒
  碰到邊緣就反彈
↩
```

只要在上一頁製作的腳本加入這個動作積木，就能解決問題！順帶一提，迴轉方式除了「左-右」之外，還可以設定為「不旋轉」或「不設限」。

```
當 🏴 被點擊
定位到 x: -200 y: 0
迴轉方式設為 左-右 ▼
重複無限次
  移動 5 點
  等待 0.5 秒
  碰到邊緣就反彈
↩
```

為了讓蛇在舞台中央來回移動，還要加入一個動作積木，把起點設定在舞台左側中央（也就是正西）的位置。

⬅蛇之後會成為妨礙鸚鵡的敵人。「移動5點」、「等待0.5秒」的速度稍微有點慢，可以把速度調整成「移動20點」、「等待0.1秒」。

完成之後，也確認一下每個角色的座標吧！

這一章要設計的程式到此為止，請測試看看是否能成功執行吧！

第5章　用分身施展分身術！

「分身」這個字很讓人在意呢……

STEP 5

- 入侵者和金幣在豎起旗幟後會分身成三個
- 入侵者會出現在（-200, 0）（100, 90）（-60, -80），金幣則四處徘徊
- 我從東南方朝家的方向前進，如果順利回家就說@
- 但是若被入侵者阻擋，被咬到的我會說「失敗」1秒，然後退回東南方

碰到 Home Button ▾ ？

建立 自己 ▾ 的分身

定位到 x: -200 y: 0

當分身產生

定位到 隨機 ▾ 位置

說出 失敗 持續 1 秒

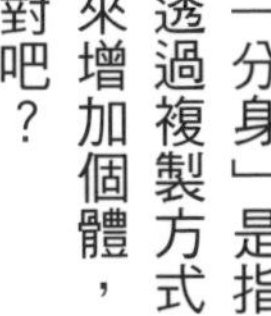

「分身」是指透過複製方式來增加個體，對吧？

沒錯，Scratch可以為同一個角色建立多個分身……

那「入侵者和金幣分身成三個」，就是建立蛇和金幣的分身嗎？

用分身增加蛇的數量很複雜……
所以先暫時把STEP 4好不容易做好的腳本……
當 被點擊
定位到 x: -200 y: 0
迴轉方式設為 左-右
重複無限次
移動 5 點
等待 0.5 秒
碰到邊緣就反彈
⬆這是讓蛇橫跨舞台來回移動的腳本，請參考80頁。
儲存※起來再刪掉！
這樣做沒問題嗎？
※儲存腳本的方法請參考46頁的說明。
「入侵者會出現在（-200, 0）（100, 90）（-60, -80）」是指……
蛇的分身會出現在這些位置吧！
90
-60
-200
0
100
-80
把「STEP 5」出現的「建立自己的分身」積木和座標積木組合在一起……
這樣應該就能產生3條蛇了！
定位到 x: -200 y: 0
建立 自己 的分身
當 被點擊
迴轉方式設為 左-右
定位到 x: -200 y: 0
建立 自己 的分身
定位到 x: 100 y: 90
建立 自己 的分身
定位到 x: -60 y: -80
建立 自己 的分身
會成功嗎？
カチッ
※咔嗒
パッ
※啪
出現了，真的成功了！
好厲害！

接下來讓這3條蛇的分身動起來吧！我們要用「當分身產生」積木修改剛才儲存的腳本！
⬇「當分身產生」是控制積木。
當分身產生
重複無限次
移動 5 點
等待 0.5 秒
碰到邊緣就反彈
這裡要注意的是作為分身來源的蛇並不會動！
分身來源的蛇
所以要在建立分身的腳本加上「外觀」積木中的「顯示」和「隱藏」積木！
當 被點擊
顯示
迴轉方式設為 左-右
定位到 x: -200 y: 0
建立 自己 的分身
定位到 x: 100 y: 90
建立 自己 的分身
定位到 x: -60 y: -80
建立 自己 的分身
隱藏
由於分身在程式指令結束後會消失，最好在移動分身的腳本中，加上「外觀」積木中的「顯示」積木……
當分身產生
顯示
重複無限次
移動 5 點
等待 0.5 秒
碰到邊緣就反彈
⬆這裡不需要「隱藏」積木
※咔嗒
喔，這樣3條蛇都會動了嗎？
來試試看吧……
カチ
G
哇！動了！動了！
怎麼覺得有點不舒服……
⬇按下停止按鈕（第6頁）後，這3條蛇也都會消失。
※哎呀～
※嘶嘶嘶…
而且啊，可以做出很多個分身喔！
キャー
G
先別管蛇了，快來製作金幣的分身吧……
ゾワゾワゾワ…

應該是要使用「STEP 5」中的「定位到隨機位置」積木吧？

⬆這是「動作」積木，會把角色移動到電腦選擇的位置。點擊「隨機▼」，可以把「隨機」改成「鼠標」。

剛才點擊旗幟時，蛇的三個分身都出現在相同位置……

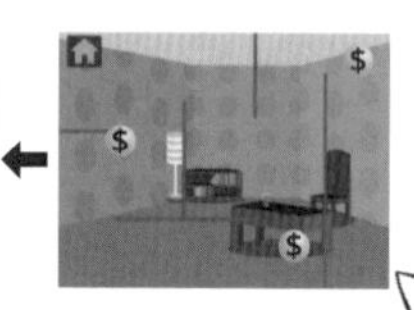

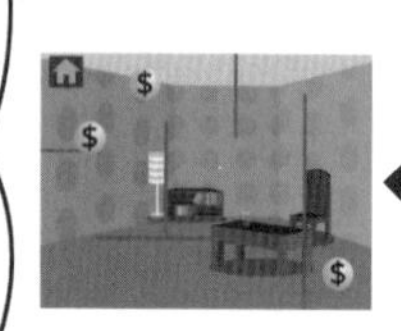

可是金幣的三個分身應該會在每次點擊旗幟時，改變出現的位置吧！

就用和蛇一樣的方法來試試……

這樣可以嗎？

應該沒問題，不過……

也可以把三個相同的指令合併成一個吧？

試試看這個積木吧！

※1

⬆這是控制積木，會按照輸入的次數重複執行夾在裡面的指令。

※1：在積木面板中顯示為「重複10 次」。
※2：這是指程式的錯誤或問題。

剩下的兩個謎語中都有「我」。
・我從東南方朝家的方向前進，如果順利回家就說＠
・但是若被入侵者阻擋，被咬到的我會說「失敗」1秒，然後退回東南方
這是在說鸚鵡吧？
「從東南方朝家的方向前進」應該是指鸚鵡從東南＝右下方開始，把「家」這個角色當作終點吧……
定位到 x: 210 y: -150
⬆修改80頁的「x座標設定為-200，y座標設定為0」。
這樣的話，應該可以在一開始就用座標積木設定鸚鵡的位置吧！
※在積木面板中顯示為「碰到鼠標」。
不過，「如果順利回家就說＠」似乎有點難耶……
「回家」應該是指鸚鵡碰到「家」這個角色吧？
應該跟「碰到紅色牆壁就反彈」很像吧？
如果 碰到顏色 ? 那麼
右轉 180 度
移動 20 點
等待 0.2 秒
⬆請參考69～70頁。
原來如此！「回家」就是「碰到家」，這樣只要能說出「＠」就行了！
應該可以使用「STEP 5」出現過的「說出＠」！
說出 @
⬆這是外觀積木。在積木面板中顯示為「Hello!」，而不是「＠」。
試著把這個積木組合加入鸚鵡的腳本裡吧！
⬇「碰到Home Button」※是偵測積木，可以嵌入「如果～那麼」積木內使用。
如果 碰到 Home Button ? 那麼
說出 @

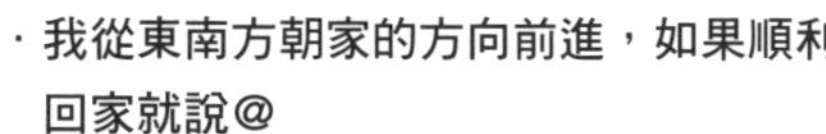

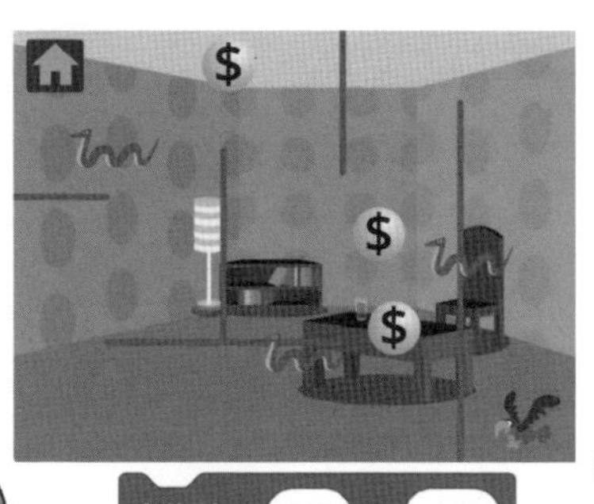

等一下，剩下的「被蛇咬到時說『失敗』」，是不是也很類似？
「被咬」也就是「碰到」……
如果碰到蛇就說「失敗」，然後回到起點的話……
說出 失敗 持續 1 秒 ※
定位到 x: 210 y: -150
カシャ
カシャ
※咔嗒、咔嗒
※在積木面板中顯示為「說出『Hello!』持續2秒」。
這樣是不是加到鸚鵡的腳本中就好？
如果 碰到 Snake ? 那麼
說出 失敗 持續 1 秒
定位到 x: 210 y: -150
⬆（210, -150）是舞台右下方的起點座標。「失敗」這句話顯示後就立刻消失。
哇！鸚鵡要做這麼多事情啊！
當 被點擊
尺寸設為 35 %
定位到 x: 210 y: -150
重複無限次
如果 碰到 Home Button ? 那麼
說出
如果 碰到 Snake ? 那麼
說出 失敗 持續 1 秒
定位到 x: 210 y: -150
迴轉方式設為 左-右
面朝 鼠標 向
移動 10 點
造型換成下一個
等待 0.2 秒
右轉 180 度
移動 20 點
等待 0.2 秒
⬆請在91頁確認最後完成的腳本。
鸚鵡的腳本變得好長喔……
好了，總算走到這一步，這就是「疊加」的成果啊！
我數了一下，總共組合了23個積木呢……
現在遊戲變成「鸚鵡要避開蛇的阻擋，從起點抵達終點」……
來試試看吧！
真的會按照我們寫的程式來執行嗎？
沒問題啦！

啊，被蛇抓到了！
失敗
鸚鵡說了「失敗」！

回到起點了！
接下來換我！

躲開蛇……抵達終點！
@
鸚鵡說了「@」！
太好了！
好，換我囉，你們看好了！
カチャ
カチャ
※咔嗒、咔嗒
結果話還沒說完就回到起點了……
咦？

起點……鸚鵡是想回家的山雀先生……
這個位置的關係是……

離救出山雀先生又更近一步了！
等著瞧吧，金幣蛇！

同時執行！平行處理

電腦可以同時執行多項工作，所以如果能設計出同時執行多個指令的程式就太棒了！

同時執行兩個以上的指令

雖然人類比不上電腦，卻也會同時進行多項工作來節省時間。例如，煮泡麵時，我們不會「先煮好配料再開始煮麵條」對吧？

可以「平行」處理
多項任務是電腦的
強項……

（範例）煮泡麵的過程

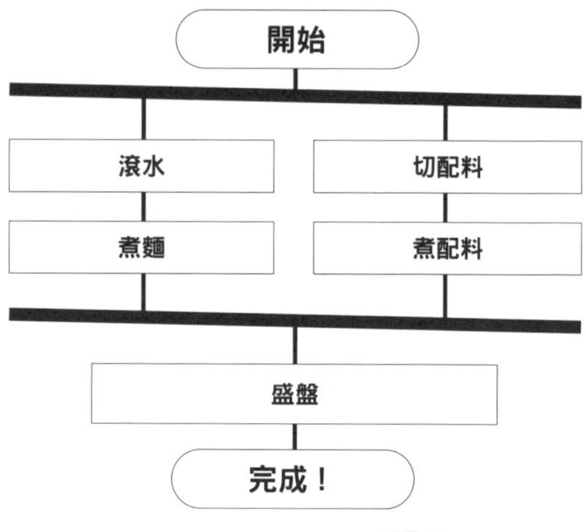

○平行處理

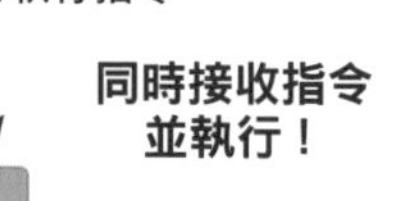

所有以「當綠旗被點擊」為開頭的程式，都會在點擊旗幟時，同時執行指令。

同時接收指令並執行！

```
當 🏳 被點擊
迴轉方式設為 左-右 ▾
重複無限次
    移動 10 點
    碰到邊緣就反彈
```

```
當 🏳 被點擊
重複無限次
    滑行 1 秒到 隨機 ▾ 位置
```

⬆例如，像這樣建立兩個鸚鵡的腳本，點擊旗幟之後，鸚鵡就會朝著不同方向忙碌的飛來飛去。如果整合成一個腳本，就會由上往下依序執行指令，因此動作有時會變得卡頓。

用「分身」複製角色！

只要有一個原始角色，就可以創造出執行相同指令的複製分身。

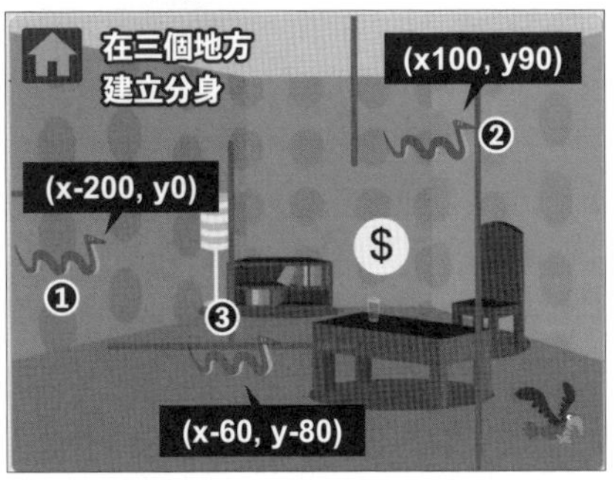

產生3條蛇

首先要設計蛇的程式，當作分身來源。如何讓蛇出現在舞台上的不同位置？

執行三次分身

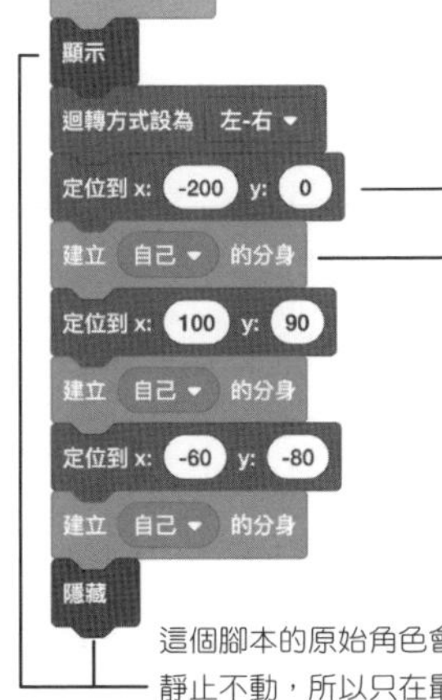

這是決定分身出現位置的積木，分別與「建立自己的分身」積木組合在一起。

這是控制積木。順帶一提，除了「自己」之外，角色清單中的其他角色也可以建立分身。

這個腳本的原始角色會顯示在舞台上靜止不動，所以只在最初建立分身時顯示，之後隱藏起來。

把腳本儲存在「背包」裡！

如果你有Scratch的帳號，就可以使用儲存這個功能！畫面下方的「背包」能儲存多個腳本。

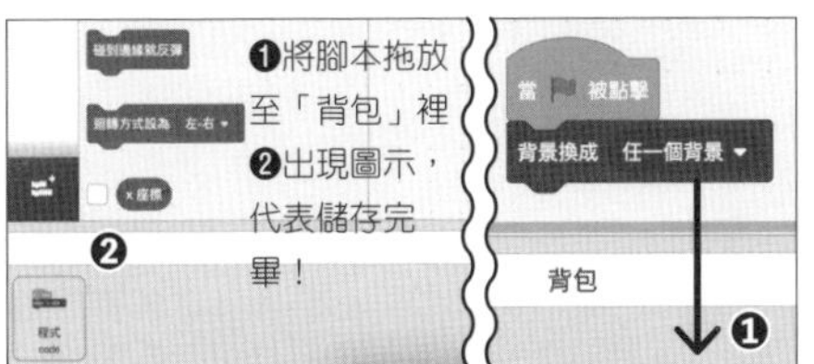

讓3條蛇左右來回移動！

接下來要設計分身的腳本。由於動作和原始的蛇一樣，所以只要修改80頁的腳本。

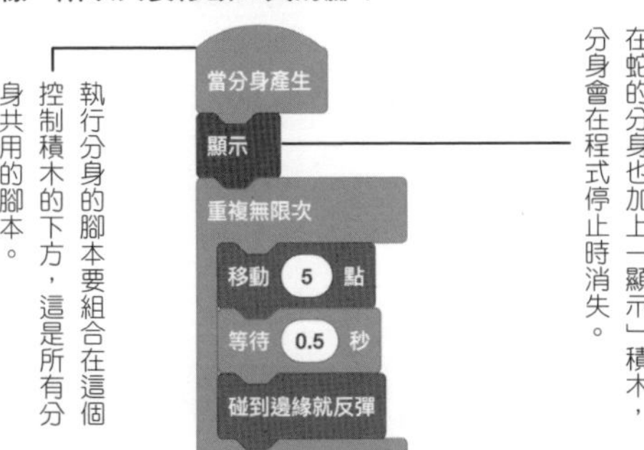

執行分身的腳本要組合在這個控制積木的下方，這是所有分身共用的腳本。

在蛇的分身也加上「顯示」積木，分身會在程式停止時消失。

⬆點擊旗幟之後，這3條蛇會同時從各自的位置開始，在舞台上左右來回移動。順帶一提，最多可以建立300個分身。

⬆每次點擊旗幟，就會改變金幣出現的位置，看起來更像真的遊戲了！

讓金幣移動到「某個地方」

接下來是金幣的程式。與蛇不同，我們希望金幣每次都出現在不同的地方，出現的位置由電腦決定。

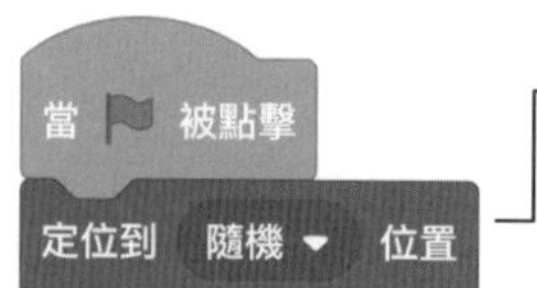

這個積木正好符合這次的動作。除了「隨機」之外，還可以選擇「鼠標」。

讓3枚金幣出現在「某個地方」

金幣也要建立三個分身。目前金幣的分身只是出現，不會做任何動作，所以不需要使用「當分身產生」積木。原始的金幣和蛇一樣，最後都要隱藏起來。

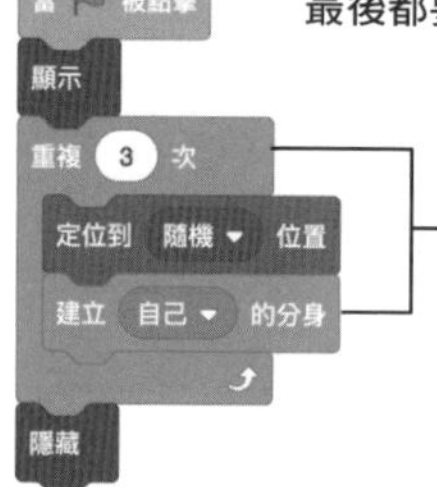

把「出現3枚」想成「分身出現3次」，可以使用「重複○次」的控制積木。之後再加入「定位到隨機位置」和「建立自己的分身」積木。

加在鸚鵡程式中的積木請參考左頁！

在鸚鵡加上動作

最後，還可以在「STEP 3」建立的腳本中，加入鸚鵡抵達終點或碰到蛇時的反應。

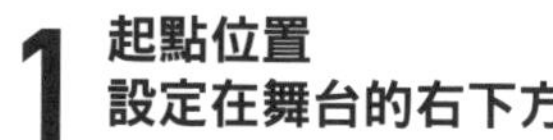

1 起點位置設定在舞台的右下方

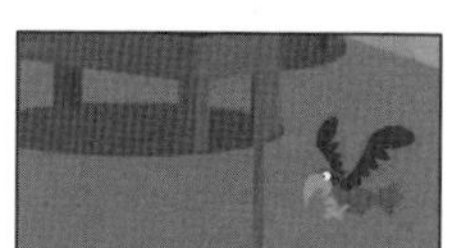

2 碰到家的角色時，讓鸚鵡說出「@」！

3 碰到蛇時，讓鸚鵡說出「失敗」，並回到起點位置

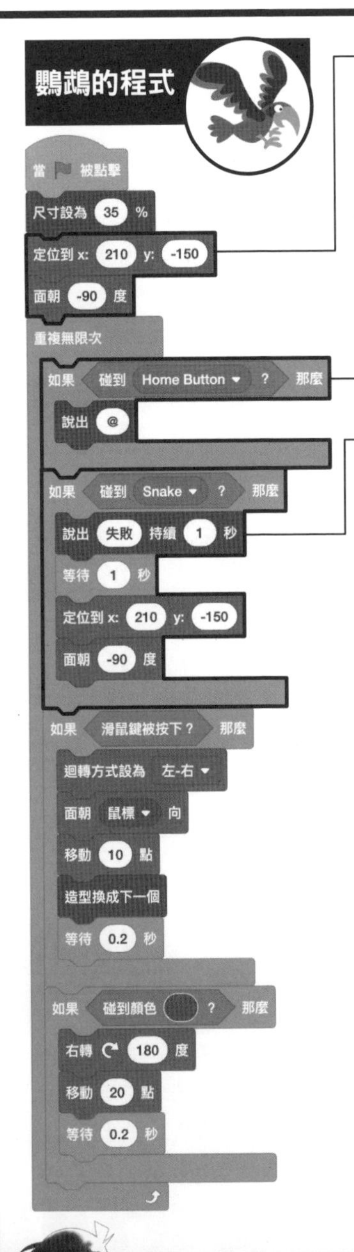

決定鸚鵡的起點位置！

設定座標，讓鸚鵡從舞台的右下方開始出發。由於鸚鵡以左上方「家」的角色為目標，所以使用「面朝-90度」，讓鸚鵡朝左（＝-90度）。

這是鸚鵡碰到「家」時的指令！

使用這個外觀積木來表現鸚鵡抵達終點，結束遊戲時的開心狀態。條件是「碰到Home Button」。

這是鸚鵡碰到蛇時的指令！

這裡要使用「說出〇持續〇秒」外觀積木。加上「等待1秒」積木是為了讓鸚鵡在碰到蛇的地方說出「失敗」，不會馬上回到起點。

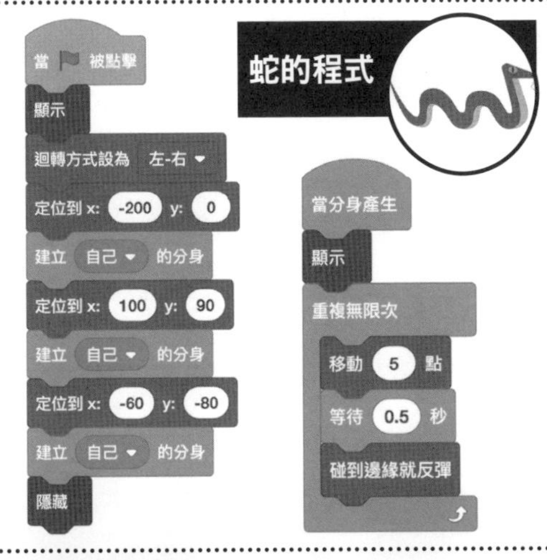

這一章要設計的程式到此為止，請測試看看是否能成功執行吧！

第6章　變數存錢筒

好像大致快完成了！
剩下的就是該如何使用這3枚每次會出現在不同位置的金幣……

答案應該會在「STEP 6」中揭曉吧？
カチ
PDF
STEP 6.pdf

※咔嗒

STEP 6

· 我要振翅取得金幣並計算「數量」。

· 最多失敗三次，因為我的體力會歸「0」。

如果 ◇ 那麼

建立一個變數

變數 數量 ▾ 設為 0

變數 數量 ▾ 改變 1

※

碰到 Parrot ▾ ？

「我＝鸚鵡要取得金幣」這該怎麼做？

像這樣用嘴叼起來嗎？
パクッ
試著用和「蛇」或「紅色牆壁」一樣的方法來思考呢？

※啪

パッ
啊，你是指被鸚鵡碰到就會消失嗎？

※在積木面板中顯示為「碰到鼠標」。

這樣的話，在金幣的腳本中加上這個積木就可以了吧！
如果 碰到 Parrot ? 那麼
隱藏
步美，你也很熟練了呢！
接下來是「計算數量」的部分吧……
這時候就要用到「變數」了！
我想「計算數量」是指，每當鸚鵡碰到金幣，使得金幣消失時，顯示已經消失的金幣數量吧……
3←2←1←0
這種事做得到嗎？
你看一下積木面板最下方的部分……
Settings
程式
造型
音效
動作
真的耶，看到「變數」了！
然後點擊「建立一個變數」……
變數
建立一個變數
my variable
變數 my variable 設為
變數 my variable 改變
變數 my variable 顯示
變數 my variable 隱藏
建立一個清單
在顯示的視窗中輸入「數量」，接著按下「確定」！
新的變數
新變數的名稱
數量
◉適用於所有角色
○僅適用
取消
確定
出現「數量」了耶……
パッ
※啪
數量 0
「0」這個數字也會改變呢！

所以我們要把出現在「STEP 6」的這兩個積木組合到金幣的腳本中。
變數 數量 設為 0
變數 數量 改變 1
一開始是0，之後每次加1，這樣該怎麼做呢？
好！接下來的就交給我！
元太！你好奸詐，你之前根本什麼都沒做啊！
搞定！這樣沒錯吧！
真是的，小鶇根本差不多都寫好了！
➡本章最後的積木組合請參考104頁。
這樣應該行了吧？
執行！
開始
カチッ
※咔嗒！
金幣消失了！
パッ
※啪
數量 1
數字也的確增加了！
パッ
※啪
顯示了分數之後，看起來更像真的遊戲了！
下一次來新增鰻魚飯這個角色吧！
ハハハ…
※哈哈哈……
「變數」很有趣呢！
G

變數就像是
可以存取數字的
存錢筒……
數
數
可以像剛才這樣，
從0開始
增加、累積，
當然也可以
先輸入數字再取出！

把變數當作存錢筒來思考看看！

提到「變數」感覺好像很難，不過聽完柯南他們的對話之後……

舉例來說，我們建立一個名為「存款」的變數，裡面已經放了300元……

變數
存款＝300元

後來出現「用100元買口香糖」的指令，也就是從「存款」變數中取出100元……

變數
存款＝300元－100元

300元－100＝200，存款變成200元了……

不過，我們也可以增加「變數」……假設收到200元的零用錢會怎樣？

200＋200＝400，所以變成400元了！

變數
存款＝200元＋200元

用這種方法來思考的話，「變數」一點都不難吧？

真的耶！

但是，「用100元買口香糖」是誰下的指令啊？我比較想買巧克力耶……

元太，我們不是在討論零食啦……

⬅下一頁繼續討論「變數話題」！

影像提供／PIXTA

說到「變數」，感覺好像只能使用得分之類的「數字」，其實除了數字之外，也可以是存取「詞彙」的盒子…

前面不是出現過「說出〇」積木嗎？比方說，我們在這個「〇」放入名為「方位」的變數，就可以讓角色說出「東」或「西」……

那如果建立名為「喜歡的事情」的變數…

這樣就可以把「讀書」或「踢足球」之類的放進去吧！

我喜歡鰻魚飯！鰻魚飯！鰻魚飯！

那是「喜歡的東西」吧！既然這是可以放進各種東西的盒子，也把其他東西放進去吧……

★關於變數的說明請一併參考99頁的內容！

影像提供／PIXTA

嗯，第二個謎語應該可以用「取出數字」的變數吧？
・最多失敗3次，因為我的體力會歸「0」。

「失敗」是鸚鵡被蛇咬到時會說的台詞……
失敗
如果失敗三次體力就變0的話……

一開始就建立數值為「3」的「體力」變數，每次被咬就減1，不就行了？
3↓2↓1↓0

⬆和93頁建立「數量」變數的方法一樣，設定「每次改變-1」，也就是「每次減少1」。

這樣的話，這兩個變數積木的數字應該分別設定成這樣！

執行程式之後，「體力」立刻變成3，所以其中一個積木應該是這樣！
⬇「體力設為3」的積木要放在「當綠旗被點擊」的下方。
當 被點擊
變數 體力 設為 3
尺寸設為 35 %
定位到 x: 210 y: -150
面朝 -90 度
重複無限次

碰到蛇之後，體力要減1，所以另一個積木應該是這樣！
定位到 x: 210 y: -150
面朝 -90 度
重複無限次
如果 碰到
說出 @
如果 碰到 Snake ?
變數 體力 改變 -1
說出 失敗 持續 1
等待 1 秒

太好了，拿到兩枚金幣了！
但是體力也只剩下1了……

小鶇，只剩下最後一個步驟！加油！
這樣所有的謎題就都解開了！
PDF
STEP 7.pdf

不愧是天才程式設計師，半天之內就把整個東都的線上存款都集中在一起！
ワハハハ…
5-B

※哇哈哈哈

小鶇，哥哥已經沒辦法再拖延下去了……

※咬牙

既然如此，至少由我來把這個傢伙解決掉!!

ダッ

※噠

裝進各種內容的「變數」盒子

變數除了數字之外，還能放入其他內容，既能專用也能共用，是非常方便的盒子。雖然名稱聽起來像「數學」用語，讓人覺得有點難懂，但是一定要徹底學會怎麼使用！

「變數」不只是數字！

例如，建立一個名為「專長」的變數，可以在裡面放入符合該變數名稱的詞彙當作資料，也可以修改。雖然叫做「變數」，卻不只是用來處理數字。

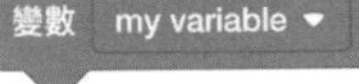

也可以建立這樣的變數！

⬇如果「變數」是盒子，變數的名稱就像是貼在盒子上的標籤。你可以像下面這樣，設定成自己喜歡的變數名稱，而且「設為○」中的「○」除了數字之外，也可以輸入文字。

變數 暱稱 ▾ 設為 小白

變數 專長 ▾ 設為 劍玉

也能當成「共用」的盒子

變數分成專門屬於某個特定角色，或所有角色共享。你可以想像成個人用的置物櫃和公共置物櫃，這樣應該比較容易理解。

影像提供／PIXTA

「鸚鵡」角色的程式

當金幣的數量為3時抵達終點就過關！

變數：金幣的數量

「金幣」角色的程式

遊戲開始時顯示3枚，每當鸚鵡碰到時，就減少1枚。

⬆我們在93頁將鸚鵡取得的「金幣數量」設為變數，這是所有角色都能使用的變數。在這次的程式中，鸚鵡和金幣的角色都會使用這個變數。建立變數時，可以選擇「適用於所有角色」或「僅適用當前角色」（101頁）。

變數的「盒子」也可以當作「暫存區」……

使用了「變數」的程式

「變數」是用來存放分數等會變動的資料。設計遊戲等程式時，是不可或缺的重要關鍵，因此以下將用四個頁面來掌握變數！

讓鸚鵡看起來像在撿拾金幣 Ⓒ $

只要理解成「鸚鵡撿拾金幣」就是「當鸚鵡碰到金幣，金幣就消失」，就沒問題了！我們要修改的是到90頁為止建立的金幣腳本，而不是鸚鵡。

```
當 🏴 被點擊
顯示
重複 (3) 次
  定位到 (隨機 ▾) 位置
  建立 (自己 ▾) 的分身
  ↻
隱藏
```

⬆這是到90頁為止建立的原始金幣腳本，可以產生3枚金幣分身。這次不會修改這個腳本，但是要增加分身在碰到鸚鵡時會消失的腳本。

⬇這是3個金幣分身的腳本。把偵測積木「碰到○」與條件的控制積木「如果～那麼」組合在一起，再夾入外觀積木「隱藏」，讓金幣被鸚鵡碰到後隱藏。

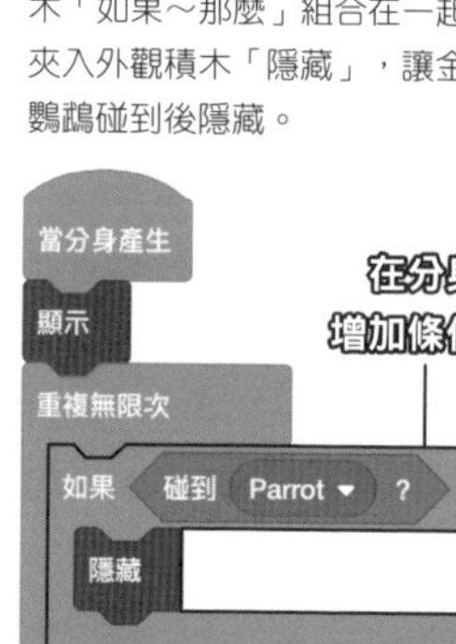

這是
「碰到牆壁就反彈」
程式的應用喔！

點擊「碰到⬭」的「⬭」會顯示清單！

「碰到⬭」的「⬭」會先列出金幣可能碰到的對象，例如蛇等。之後只要從中選擇「鸚鵡（Parrot）」即可！

碰到 Parrot ▾ ?

- 鼠標
- 邊緣
- ✓ Parrot
- Home Button
- Snake

建立「數量」變數

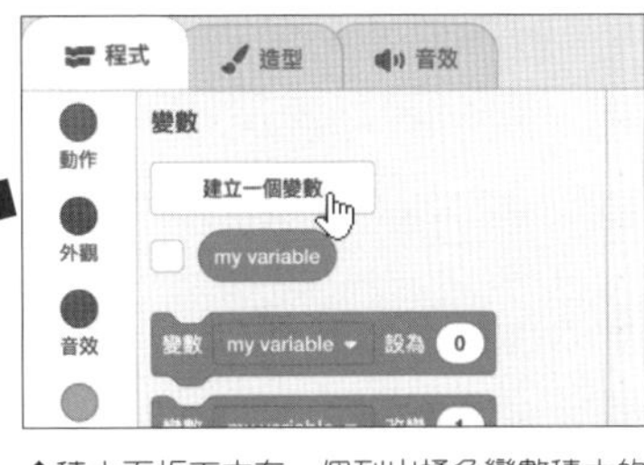

⬆積木面板下方有一個列出橘色變數積木的區域。點擊「建立一個變數」按鈕。

變數名稱設定為「數量」再按下「確定」……

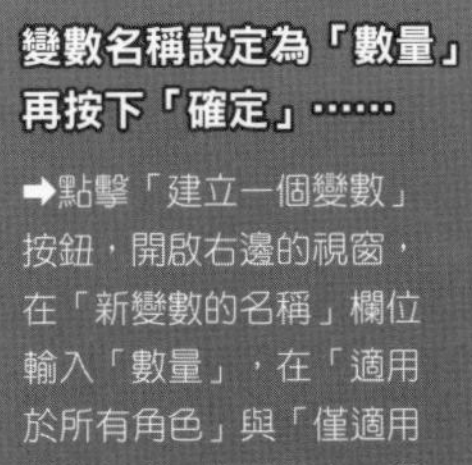

➡點擊「建立一個變數」按鈕，開啟右邊的視窗，在「新變數的名稱」欄位輸入「數量」，在「適用於所有角色」與「僅適用當前角色」的選項中，選擇「適用於所有角色」，接著按下「確定」按鈕。

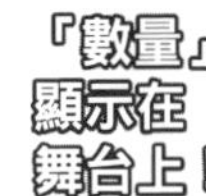

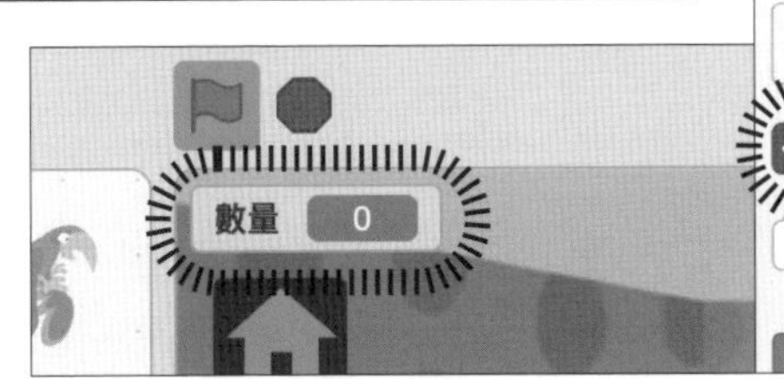

⬅按下「確定」按鈕，積木面板的「建立一個變數」按鈕下方會顯示「數量」。加上「✔」之後，「數量」就會顯示在舞台上（左）。

顯示獲得的金幣數量

遊戲開始時，「數量」為「0」，每當金幣被鸚鵡碰到而消失時，就會加1。這個部分只要在右頁的金幣腳本中，增加右邊的兩個變數積木就可以做到。利用「設為0」積木顯示開始遊戲時的數量，再用「改變1」積木來增加金幣的數量。

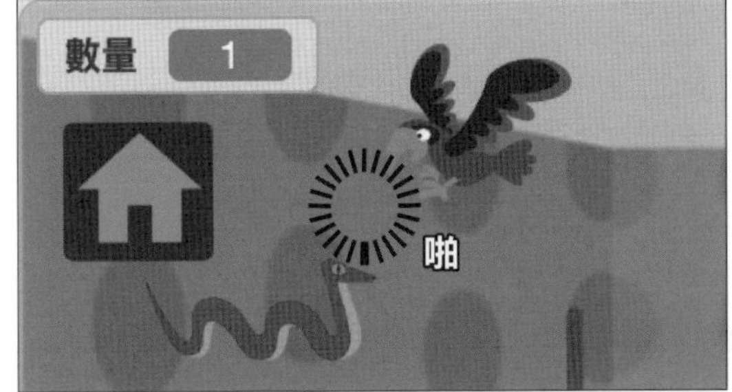

⬆「變數設為〇」中的數字可以修改，但是這裡設為0。

⬆這裡也是設定為「改變1」。順帶一提，如果要減少，就輸入「－1」。

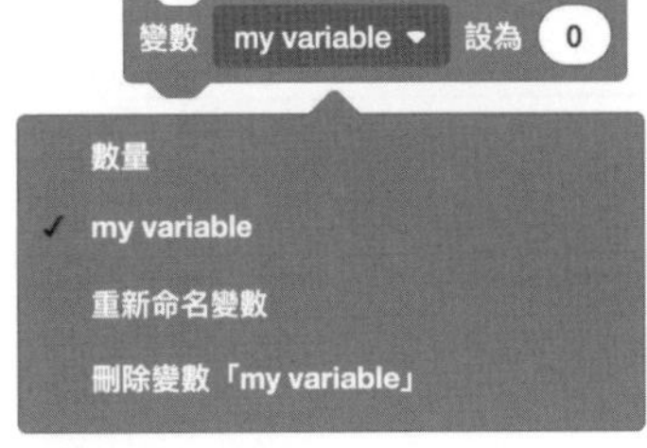

⬆「數量」變數建立好後，點擊「my variable▼」，就會顯示以上內容，可以切換成「數量」。

1 遊戲開始時的數量為0，每獲得1枚金幣就加1

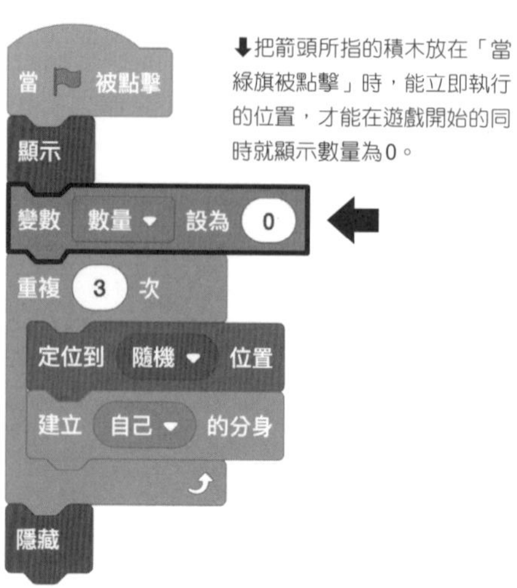

⬇把箭頭所指的積木放在「當綠旗被點擊」時，能立即執行的位置，才能在遊戲開始的同時就顯示數量為0。

分別在原始金幣及3枚金幣分身共用的腳本中，組合上一頁建立的變數積木。

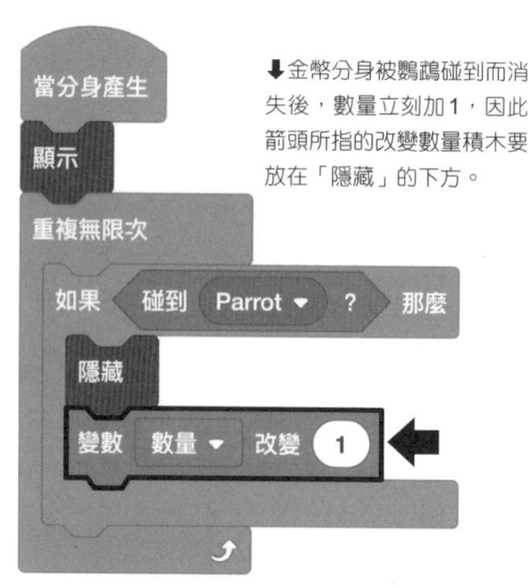

⬇金幣分身被鸚鵡碰到而消失後，數量立刻加1，因此箭頭所指的改變數量積木要放在「隱藏」的下方。

2 開始遊戲時，要避免3枚金幣被「家」或鸚鵡等角色碰到

開始遊戲之後，才知道金幣會出現在何處。如果與「家」或鸚鵡重疊，可能會有問題。因此金幣要避免出現在「家」所在的位置（舞台左上方），以及鸚鵡的起點位置（右下方）。

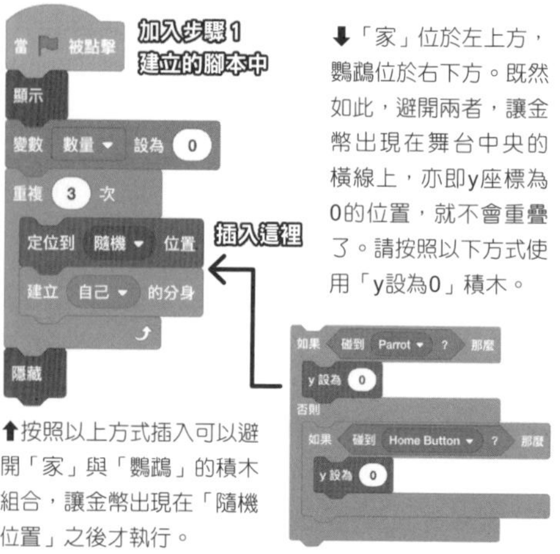

⬇「家」位於左上方，鸚鵡位於右下方。既然如此，避開兩者，讓金幣出現在舞台中央的橫線上，亦即y座標為0的位置，就不會重疊了。請按照以下方式使用「y設為0」積木。

⬆按照以上方式插入可以避開「家」與「鸚鵡」的積木組合，讓金幣出現在「隨機位置」之後才執行。

解決！

⬆即使金幣一開始與「家」或鸚鵡重疊，也會立刻移動到畫面中央（下方的白線上）。

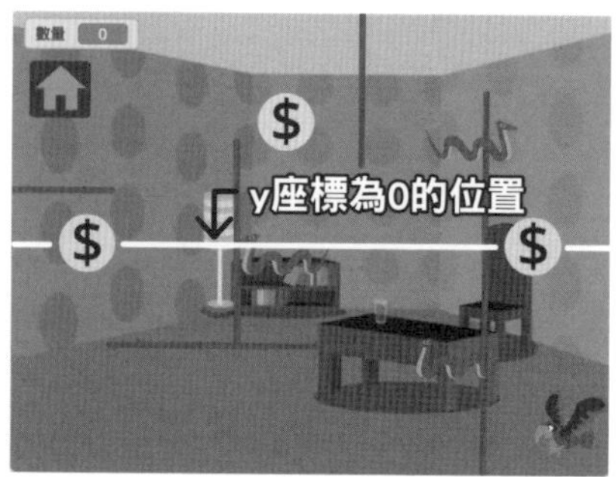

顯示鸚鵡的「剩餘體力」

接下來要另外建立鸚鵡碰到蛇之後，「體力」會減少的變數。和從0開始增加的「數量」變數不同，「體力」是從原本的數值開始逐漸下降。

➡已經快要完成讓鸚鵡避開3條會移動的蛇，朝著終點前進的遊戲。當鸚鵡的體力變成0，或成功抵達終點時，會發生什麼事，將在「STEP 7」揭曉。

1 建立「體力」變數

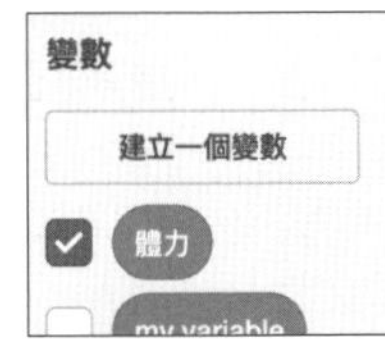

⬅按照「數量」變數的技巧，建立「體力」變數。這個變數也設定成「適用於所有角色」。

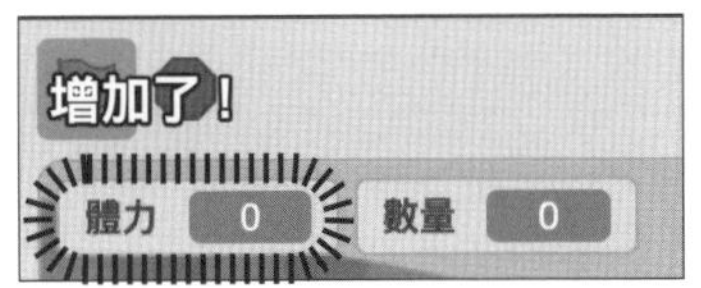

2 把兩個變數積木加入「STEP 5」的腳本中

把一開始「體力」為3，每次碰到蛇就減1的指令加到「STEP 5」建立的鸚鵡腳本中。這裡使用的兩個積木和金幣一樣。

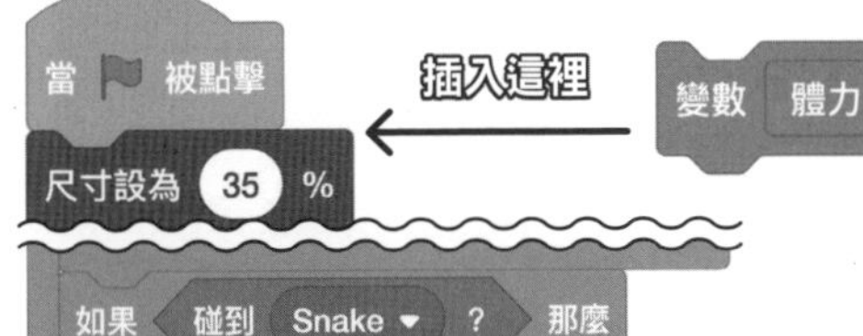

⬅為了在開始遊戲時，顯示「體力3」，所以把這個積木組合插入在「當綠旗被點擊」的下方。

⬆每次碰到蛇，體力會立刻減1，所以把這個積木放在如上所示的位置。

變數※應該比較適合顯示在舞台的左上方……

※「體力」、「數量」變數的顯示位置可以透過拖放方式移動到任何地方。

鸚鵡的程式
當 🏳 被點擊
變數 體力 ▾ 設為 3
尺寸設為 35 %
定位到 x: 210 y: -150
面朝 -90 度
重複無限次
如果 碰到 Home Button ▾ ? 那麼
說出 @
如果 碰到 Snake ▾ ? 那麼
變數 體力 ▾ 改變 -1
說出 失敗 持續 1 秒
等待 1 秒
定位到 x: 210 y: -150
面朝 -90 度
如果 滑鼠鍵被按下？ 那麼
迴轉方式設為 左-右 ▾
面朝 鼠標 ▾ 向
移動 10 點
造型換成下一個
等待 0.2 秒
如果 碰到顏色 ? 那麼
右轉 ↻ 180 度
移動 20 點
等待 0.2 秒
金幣的程式
當 🏳 被點擊
顯示
變數 數量 ▾ 設為 0
重複 3 次
定位到 隨機 ▾ 位置
如果 碰到 Parrot ▾ ? 那麼
y 設為 0
否則
如果 碰到 Home Button ▾ ? 那麼
y 設為 0
建立 自己 ▾ 的分身
隱藏
當分身產生
顯示
重複無限次
如果 碰到 Parrot ▾ ? 那麼
隱藏
變數 數量 ▾ 改變 1
腳本變得越來越長，
組合時要特別小心喔！
這一章要設計的程式到此為止，請測試看看是否能成功執行吧！

第7章　讓文字動起來～訊息

STEP 7

· 這是來自我的訊息
「體力」歸零時會顯示「Game Over」的文字。

· 這是來自我的訊息
收集完金幣回到家時會說「@」，氣球升起，
並進行問候。

· 如果有剩餘的金幣，
會說「金幣不足」，
並回到起點。

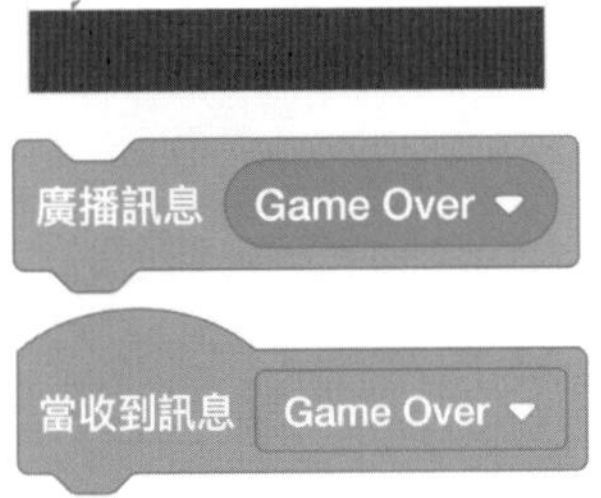

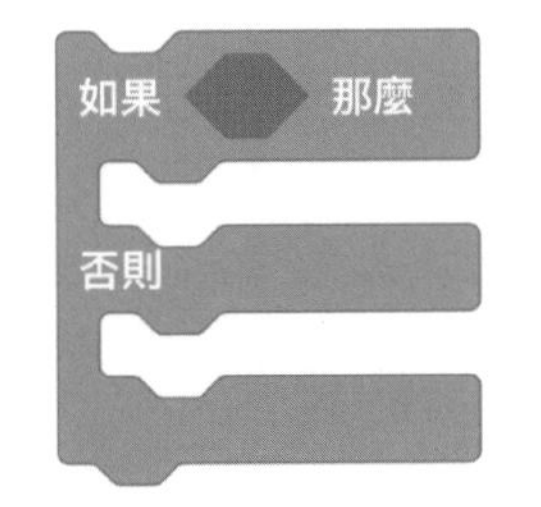

※在積木面板中顯示為「背景換成backdrop1」。

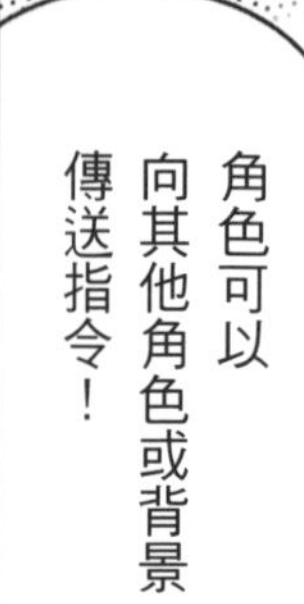

這裡可以使用的是「廣播訊息」功能……
角色可以向其他角色或背景傳送指令！

⬆角色與背景之間可以彼此傳送訊息。
收到訊息的那一方會執行腳本。

這個時候要使用「STEP 7」的兩個積木組合！
廣播訊息 Game Over
當收到訊息 Game Over

⬆預設為「廣播訊息message1」、「當收到訊息message1」。將其改成「Game Over」的方法請參考115頁的說明。

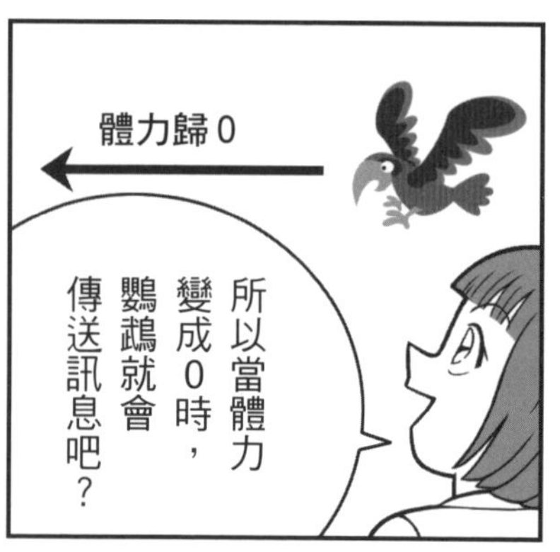

體力歸0
所以當體力變成0時，鸚鵡就會傳送訊息吧？

來製作「Game Over」的角色！

這次要建立純文字的角色，不使用圖片。請一併參考114頁的說明。

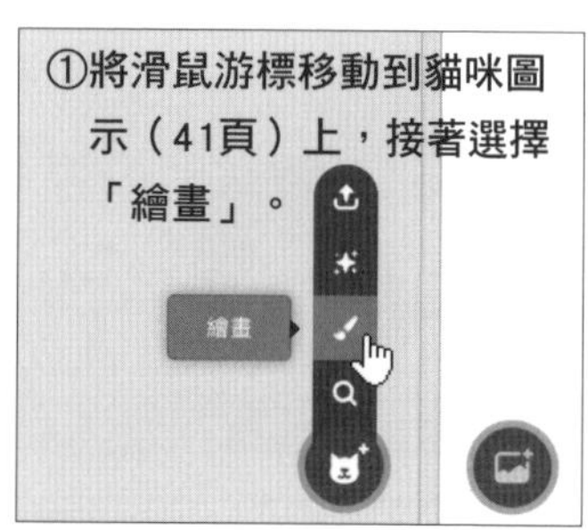

①將滑鼠游標移動到貓咪圖示（41頁）上，接著選擇「繪畫」。

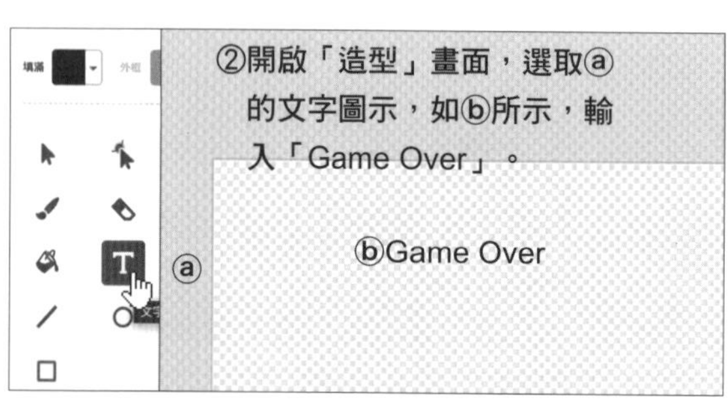

②開啟「造型」畫面，選取ⓐ的文字圖示，如ⓑ所示，輸入「Game Over」。

ⓒ 輸入文字之前，先確認ⓒ是否顯示為「轉換成點陣圖」。

③調整「Game Over」的文字大小，並移動到舞台中央。

關於放大與移動的方法請參考114頁。

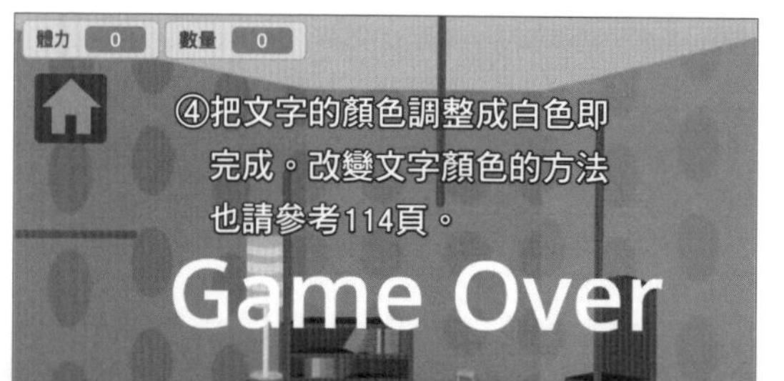

④把文字的顏色調整成白色即完成。改變文字顏色的方法也請參考114頁。

終於要來製作鸚鵡傳送訊息的腳本了。只要這樣組合積木……
⬇這是一種綠色的「運算積木」。把右邊顯示成50的數字改為0。
= 0
體力
⬆在「變數積木」中嵌入做好的「體力」變數。
如果 那麼
廣播訊息 Game Over
⬆按照以上方式，嵌入橘色控制積木「如果～那麼」積木內。
如果 碰到 Home Button ? 那麼
說出 @
如果 碰到 Snake ? 那麼
變數 體力 改變 -1
說出 失敗 持續 1 秒
等待 1 秒
如果 體力 = 0 那麼
廣播訊息 Game Over
定位到 x: 210 y: -150
面朝 -90 度
按照這個方式新增到原本的腳本中！
接收「Game Over」訊息的那一方就很簡單了！
當 被點擊
隱藏
當收到訊息 Game Over
顯示
只要在遊戲開始，也就是點擊綠旗時，把文字隱藏起來。遊戲結束時，讓它顯示出來就可以了吧？
好！我來試試！
只要交給我……
※咔嗒、咔嗒、咔嗒
カシャ カシャ カシャ カシャ
看吧，結束了！字跑出來了！
出現這些字沒有必要那麼興奮啦……
Game Over

第二個謎語是指過關，也就是鸚鵡消除所有金幣並碰到「家」時，就會出現「結束」畫面吧？

· 這是來自我的訊息
收集完金幣回到家時會說「@」，
氣球升起，並進行問候。

· 如果有剩餘的金幣，會說「金幣不足」，並回到起點。

這和「Game Over」的時候一樣，應該很簡單吧？

當鸚鵡碰到「家」
↓
是否獲得3枚金幣
- 否 → 鸚鵡回到起點，並說「金幣不足」
- 是 → 傳送「過關」訊息

不，這次還要考慮鸚鵡碰到「家」時，仍有剩餘金幣的情況……

這時可以使用這個控制積木！

如果 ⬡ 那麼
否則

只要在「否則」的地方，組合讓鸚鵡回到起點，並說出「金幣不足」的積木就行了……

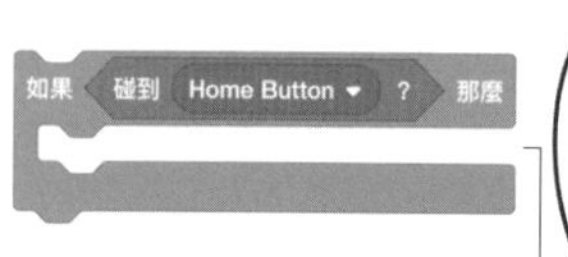

⬆先從原本的腳本中移除「說出@」積木。

首先，可以過關時，如果金幣的「數量」為3，就傳送「過關」的訊息，所以應該是這樣吧？

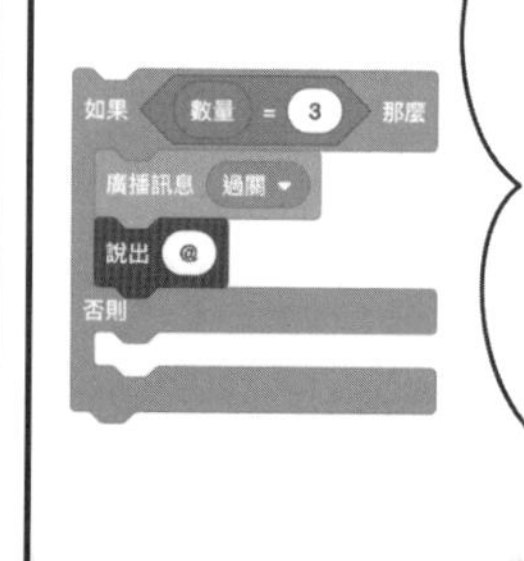

然後，如果「數量」不是3，就回到起點，並說「金幣不足」，所以是這樣吧？

⬇請一併參考117頁的說明，試著組合這些積木。

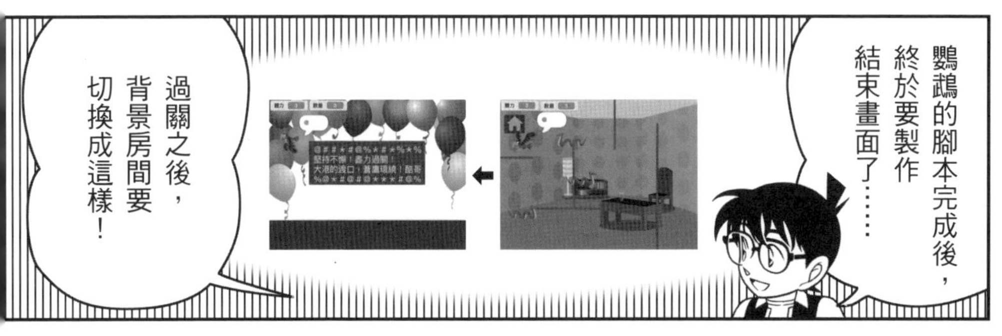

製作結束畫面！

在背景中新增「Party」並調整。

②選擇文字圖示Ⓒ，在「Party」輸入結束遊戲時的文字（文字內容請參考111頁）。使用「填滿」調整文字顏色，設定為顏色0、彩度0、亮度90。

③選擇「方形」圖示Ⓓ，畫出和下面一樣的藍色※方形。

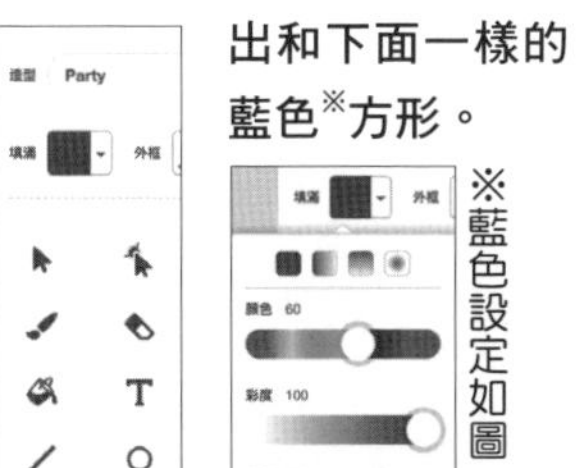

※藍色設定如圖。

④接著點擊上方的「下移一層」Ⓔ，隱藏在方形下方的文字就會顯示出來，這樣就完成了。

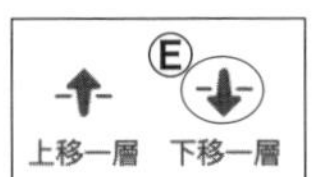

※上下排符號的部分，請在輸入法為注音的狀態下，同時按shift鍵與相對應的數字鍵打出全形符號。

⬆「背景換成～」是外觀積木。

⬅遊戲開始時，尺寸設定為70%。

⬉在91頁蛇的程式中加入這些腳本。

出現了，結束畫面！

體力 3 數量 3

@

@＃＃＊＃@%＊＃＊%＊%
堅持不懈！盡力過關！
大港的渡口，蒼鷹環繞！酷哥
%@＊＃@＃@＊＊＊＃@%

這裡的結束內容……
明明是來自鸚鵡的訊息，為什麼寫成「酷哥」呢？
哇啊！我覺得好感動喔！
因為程式已經完成，所以鸚鵡才會說「@」吧！

「@」！原來如此，說不定……

等等，讓我抄一下結束畫面的內容！
怎麼了嗎？柯南！

果然沒錯！
這兩行訊息其實是利用上下排符號設計的密文！
@＃＃＊＃@%＊＃＊%＊%
堅持不懈！盡力過關！
大港的渡口，蒼鷹環繞！酷哥
%@＊＃@＃@＊＊＊＃@%

★請把柯南說的話當作線索，試著破解這個謎語吧！答案就在下一頁！

這就是哥哥最後的訊息！
@＃＃＊＃@%＊＃＊%＊%
堅持不懈！盡力過關！
大港的渡口，蒼鷹環繞！酷哥
%@＊＃@＃@＊＊＊＃@%
謎題全都解開了！
監禁……港口……倉庫……！
@＃＃＊＃@%＊＃＊%＊%
堅持不懈！盡力過關！
大港的渡口，蒼鷹環繞！酷哥
%@＊＃@＃@＊＊＊＃@
走吧！
我們去把山雀先生救出來！
※噠
喂！柯南！到底怎麼回事？
等一下再跟你們解釋！我們快走吧！
ダッ

人生就像程式設計

即使將來沒有成為程式設計師，學習程式設計在日常生活上也很有助益。終於來到最後一堂講座了。

學習程式設計可以豐富人生

「程式設計講座」主要是解說「運算思維」、「演算法」等程式設計所需的思考方式。設計程式時，必須思考最有效率的最佳步驟與方法來達成目的，如右所示。這種思維對我們人生中的各個方面都有幫助。換句話說，學習程式設計也能學會運用在生活中的思考方法。

運算思維是一旦學會就終身受用的實用工具喔！

程式設計的流程

❶決定要開發的程式

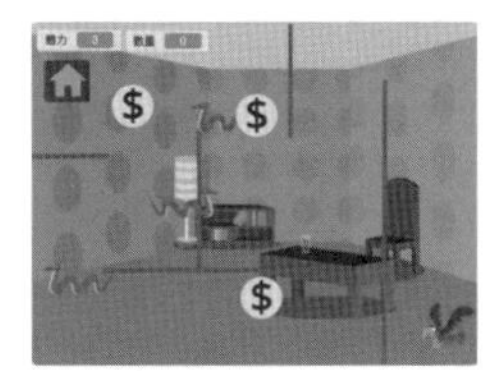

❷思考演算法

❸根據演算法設計程式

❹執行完成的程式

不被突發事件擊倒

此外，透過程式設計培養出「分解事情進而理解」、「依序思考」的思考方法，可以用來解決將來面對的許多突發問題。學校開辦的程式設計課程也一樣，比起學習程式設計，掌握運算思維更加重要。

據說到了2045年，人工智慧（AI）將超越人類智慧，進而導致許多工作消失。在Scratch裡，當你不斷嘗試、增減積木進行程式設計的過程中，或許已不知不覺的為因應時代巨變做好準備了喔。

用「訊息」完成進階動作

還差一步就完成了！利用讓角色與背景互相傳遞「訊息」的功能，顯示「Game Over」與「過關」吧！

⬆這是在取得3枚金幣且抵達終點之前，碰到蛇3次後會顯示的畫面。

2 將「Game Over」移動到畫面中央

⬇先點擊「造型」標籤，使用「文字」工具輸入「Game Over」。

「Game Over」的作法
請參考106頁的說明。

新增「Game Over」文字

雖然已經在106頁介紹過作法，但是這裡將稍微補充移動以及縮放文字的技巧。

1 角色名稱設定為「Game Over」

➡預設名稱為「Sprite 1」。

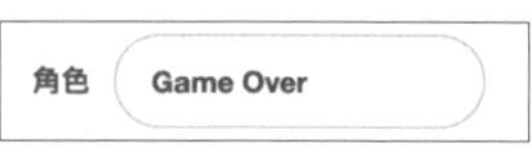

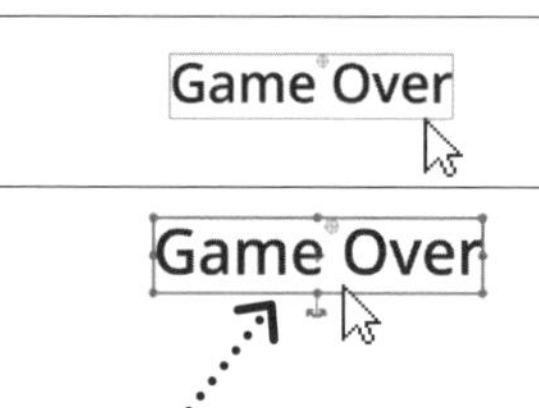

⬅點擊文字周圍的虛線框（上圖），虛線就會變成粗線。把游標移動到粗線框中央的「＋」符號並拖曳（下圖），就能在舞台上下左右移動文字。請把文字放在舞台中央附近。

3 依個人喜好調整文字大小與顏色

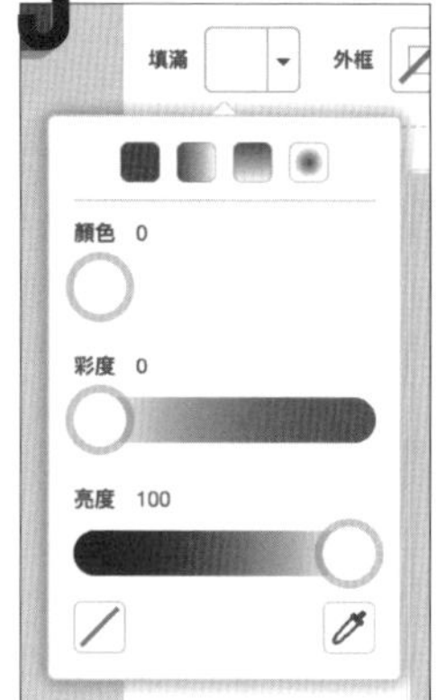

⬅⬇在角色清單上調整「尺寸」數值也可以縮放文字（下圖箭頭處）。調整「填滿」的顏色、彩度與亮度，就能調整文字顏色。例如，左圖是設定成白色。

4 一開始先隱藏文字

➡「Game Over」不能一開始就顯示在畫面上，要用「隱藏」積木隱藏起來。

建立「訊息」積木

建立「廣播訊息Game Over」的積木，讓鸚鵡在碰到蛇3次之後，向「Game Over」這個角色傳送「訊息」。同時也一併設定稍後會用到的「廣播訊息過關」積木。

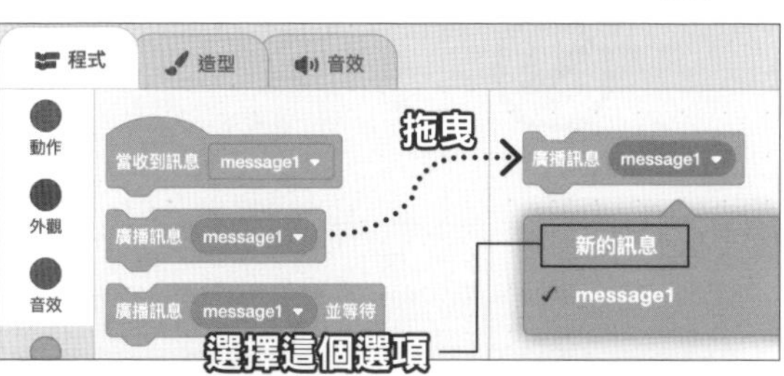

❶取出事件積木「廣播訊息message1」選擇「新的訊息」。

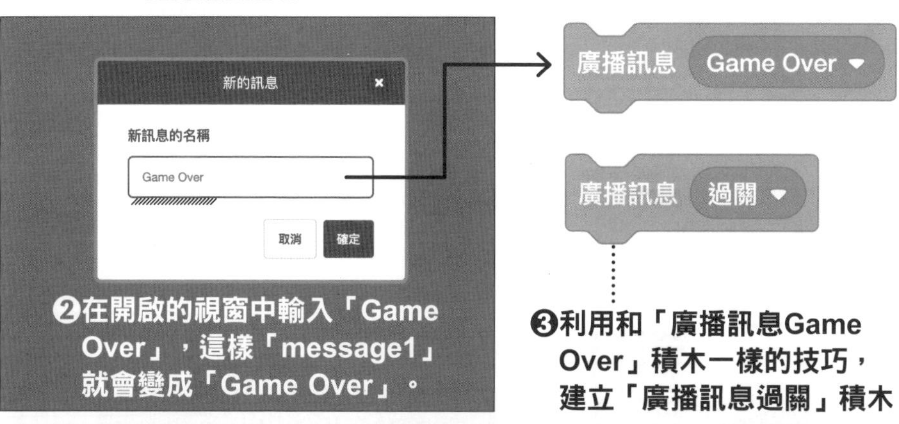

❷在開啟的視窗中輸入「Game Over」，這樣「message1」就會變成「Game Over」。

❸利用和「廣播訊息Game Over」積木一樣的技巧，建立「廣播訊息過關」積木

整理顯示「Game Over」的流程

同樣先畫出流程圖，這樣比較容易了解如何組合鸚鵡與Game Over的積木。鸚鵡是訊息的傳送者，而「Game Over」是訊息的接收者。

建立「Game Over」的條件

首先，建立當鸚鵡碰到蛇3次時，傳送「Game Over」訊息的腳本，如下所示。

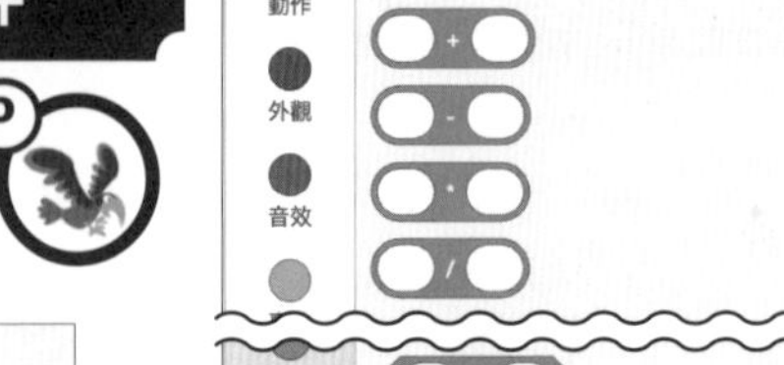

體力＝0的腳本

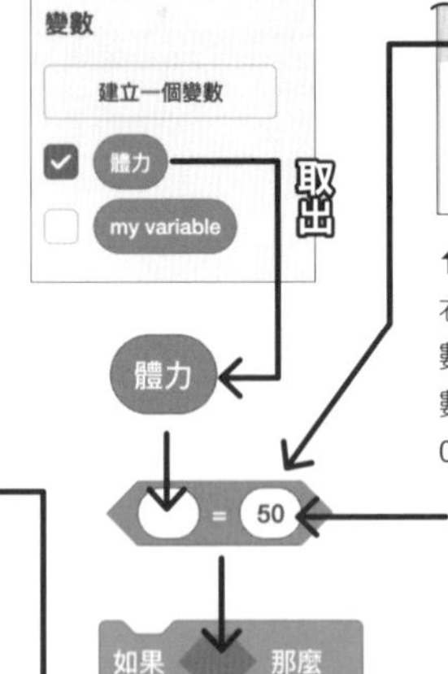

把這裡的數字改成「0」！

廣播訊息 Game Over

⬆⬅這是綠色的運算積木。要使用「左右值相等」的積木。在左邊的〇嵌入變數的數值積木＝「體力」，並把右邊的數字改成0。這樣就能建立「當體力＝0」的條件。

利用鸚鵡碰到蛇的腳本
判斷遊戲是否結束……

顯示「Game Over」

接著在負責接收訊息的「Game Over」角色中，加上事件積木「當收到訊息Game Over」，以及「顯示」積木。

⬇重點是增加控制積木「停止全部」。如果遊戲結束，蛇還在移動，就沒有結束的感覺。因此，應該在結束的瞬間讓一切停止，才像真正的遊戲。

➡這次的「Game Over」只是普通的白色文字，你也可以使用「繪畫工具」（請參考57頁），製作出不同的變化。

在鸚鵡設定「遊戲過關」的條件

這裡要注意的是，必須同時達到「獲得3枚金幣」和「碰到終點（＝家）」這兩個條件才算過關。鸚鵡可能在未獲得3枚金幣的情況下抵達終點，因此別忘了準備因應這種情況的指令。

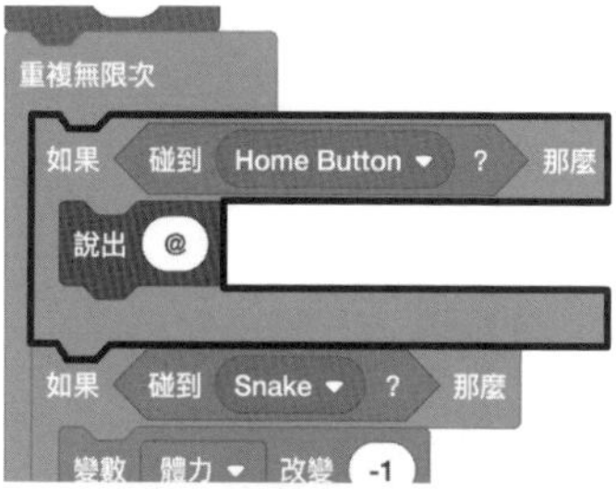

重複無限次
如果 碰到 Home Button ? 那麼
說出 @
如果 碰到 Snake ? 那麼
變數 體力 改變 -1

按照右圖組合「STEP 6」建立的腳本

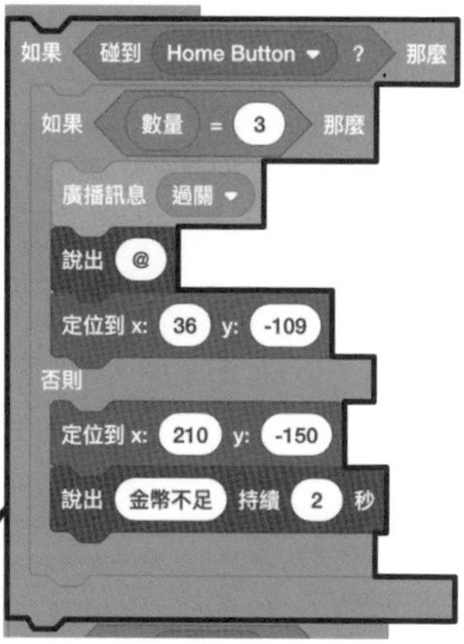

如果 碰到 Home Button ? 那麼
如果 數量 = 3 那麼
廣播訊息 過關
說出 @
定位到 x: 36 y: -109
否則
定位到 x: 210 y: -150
說出 金幣不足 持續 2 秒

建立條件的方法

➡為了因應鸚鵡在未獲得3枚金幣就抵達終點的情況，要使用「如果～那麼，否則」的條件分歧積木。

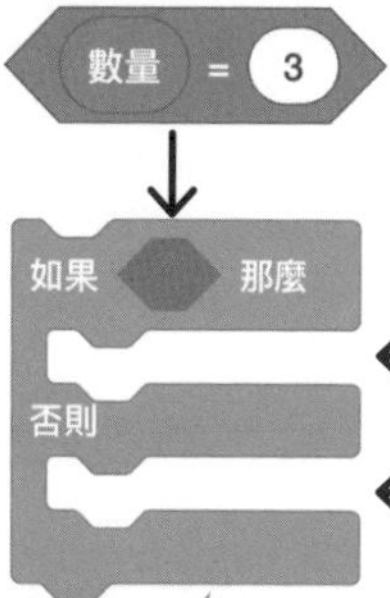

數量 = 3
如果 那麼
否則

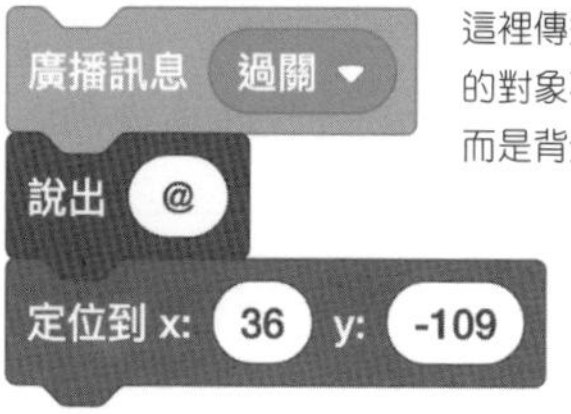

廣播訊息 過關
說出 @
定位到 x: 36 y: -109

這裡傳送「過關」的對象不是角色，而是背景。

⬆這是避免過關後，鸚鵡擋住背景上的文字，將鸚鵡移動到畫面中央下方的積木。

定位到 x: 210 y: -150
說出 金幣不足 持續 2 秒

⬆這是鸚鵡沒有獲得3枚金幣就抵達終點時的指令。回到起點，並顯示沒有過關的理由。

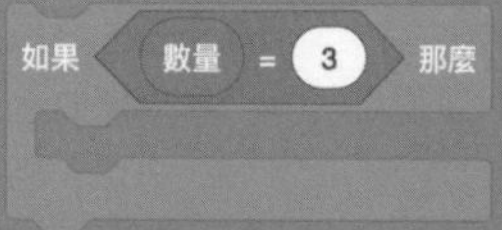

如果 數量 = 3 那麼

用這個積木會無法達到效果喔！

如果使用了這個積木，即使在金幣不足的情況下抵達終點，也不會有任何反應，遊戲就不夠完整。這是常見的錯誤，所以要特別注意！

➡從碰到終點「家」到退回起點的過程中，要一直顯示原因。

金幣不足

將背景切換成「遊戲過關」的背景

鸚鵡發出的「過關」訊息將由背景「Room 2」接收。收到訊息的瞬間，就會立即切換成華麗的結束畫面，非常有戲劇性！除了抵達終點並說出「@」的鸚鵡之外，其他角色都會干擾畫面，因此要仔細處理，這個部分稍後會再說明！

➡結束畫面的製作方法請參考109頁。選擇「Party」背景，並加上文字內容。

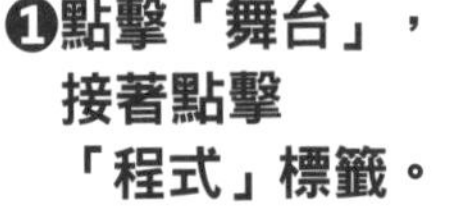
❶點擊「舞台」，接著點擊「程式」標籤。

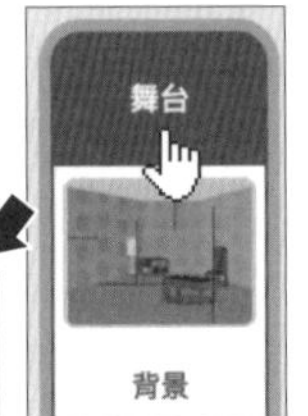

❷增加以下兩個腳本，開始時的背景為「Room 2」，收到「過關」訊息後，將背景切換為「Party」。

⬆「背景換成 ◯」是外觀積木。上面兩個腳本和「Game Over」角色的腳本很像吧。

這樣所有程式就完成了……
趕快來執行看看吧！

使用「訊息」清除過關後多餘的角色！

如果不做任何處理，進入結束畫面後，「家」和「蛇」仍然會留在舞台上。只要在「家」加上Ⓐ與Ⓑ的腳本，在「蛇」加上Ⓑ的腳本，就可以解決這個問題。

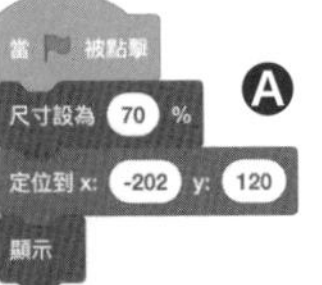

Ⓐ

⬆這是「家」的腳本，座標要設定在不會遮住變數顯示的位置。

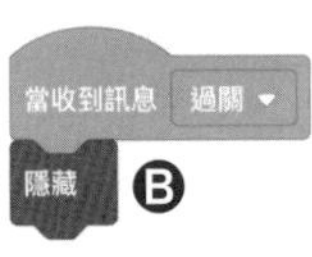

Ⓑ

來製作角色吧！②

終於要開始繪製並組合元件，讓原創角色動起來了！

❶製作圓形元件

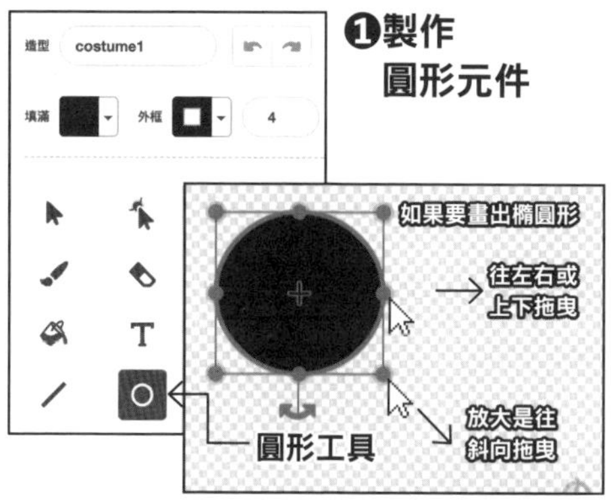

在造型畫面中央的長方形區域繪製角色。點擊「圓形工具」，在長方形區域按一下並拖曳，就可以畫出圓形。如果要繪製橢圓形，可以按照上圖的說明來變形。利用「填滿」能調整圓形內的顏色。

❷製作線條元件

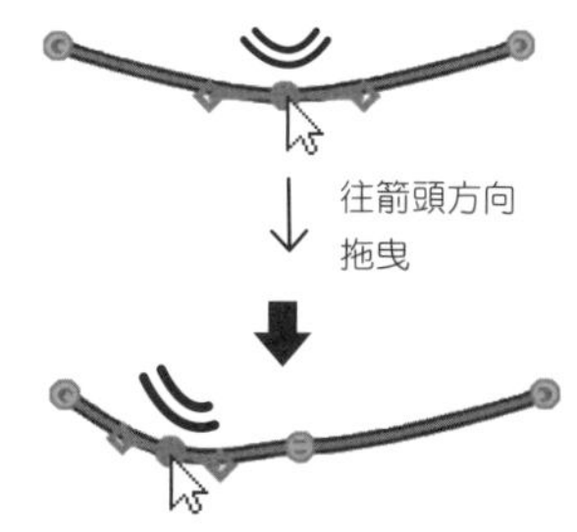

選擇Ⓐ「線條工具」，點擊畫面中央的長方形區域並拖曳，就能畫出直線。粗細可以利用「外框」右側的數值來調整。如果想畫出像嘴巴形狀的曲線，請點擊Ⓑ「重新塑形工具」，並參考下圖進行繪製。

➡「線條工具」無法直接畫出曲線，因此必須把直線拉彎。將游標移動到直線上想彎曲的位置按一下，會出現控制點，拖曳控制點即可彎曲直線。

往箭頭方向拖曳

❸合併元件，完成第一個角色。接著再「複製」造型！

在造型圖示上點擊右鍵，接著點擊「複製」。

❹修改複製後的元件，完成第二個造型！

修改複製後的元件，製作出鐘擺與眼睛朝向相反方向的造型。

⬅原本的直線很難變成像ⓐ的鐘擺線條，需要重畫。

❺按照左圖組合積木並點擊旗幟後，每秒眼睛就會左右移動，鐘擺也會來回擺動！

進一步修改造型，讓角色的嘴巴和耳朵也動起來，這樣會更有趣。

☆「來製作角色吧！①」請參考57頁！

終章 程式的勝利

阿笠博士家
灰原！我知道小鶇他哥哥在哪裡了！
OK！我馬上過去你那裡!!
博士，麻煩你開車！
好！
「STEP 5」顯示的起點和家……
小鶇的家
山雀被監禁的地點
北
西
東
南
4
角色 Parrot
x 150
y -120
舞台
是用來表示羽田兄妹的家和監禁地點之間的關係！
位於小鶇家東南方向的港口……
東都港MAP
倉庫
港口
監禁
第1碼頭
第2碼頭
渡輪碼頭
倉庫區
食品碼頭
只有東都港！

※第五、六格漫畫為戲劇效果。實際搭車時，請遵守乘車人數的限制並繫好安全帶。
柯南你的推理沒錯，東都的行動支付系統當機問題從犯罪手法來看，就是金幣蛇所為！
只不過這次他們的入侵手法非常高明，完全阻止不了！
警視廳 高木刑警
高木刑警！果然是「金幣蛇」威脅羽田山雀先生幫助他們的！
他們把山雀先生關在東都港的倉庫裡！
キキィ
チャッ
※急煞──、開門
大家快上車！
東都港!!
收到！我們立刻趕過去！
ギューウ
ギュウ
※擠、擠
喂，柯南，到底是怎麼一回事？
抱歉，我等等解釋！
大家都擠進來了嗎？
博士，快到東都港的倉庫區！
好！
ブロロ〜
※轟〜〜

東都港
ボォ～
※吶～
ダダッ
※噠噠
!?
サッ
※衝
がシッ
※肘擊
ドタ
※倒地！
哼，抵抗也沒用！

※咔嚓

再見啦……

執行
取消

等等！

你們是誰？
我是偵探江戶川柯南！
我們是少年偵探團！
呃……我是陪他們來的！
你們威脅山雀先生，侵入行動支付系統，想把所有錢都拿走……金幣蛇，很抱歉，我不會讓你們得逞！

你們怎麼會知道……

ヒョコッ
哥哥！
※探頭

你、你是？
小鶇！

山雀先生在被你們抓走之前……
就已經把求救訊息偽裝成程式傳出去了！

哥哥被你們抓走，關在這裡的事……
全都透過程式告訴我們了！

原來如此，所以你們才找到這裡來啊……
不過太遲了！存款回收系統已經完成了……
執行
我只要按下這個按鈕，嘿嘿嘿……
スッ
※伸手
執行
取消
バッ
※啪、嗖、嗖、嗖
我才不會……
キュン
キュン
キュン
シュ
※咻～砰！
讓你得逞！
ポン

去吧！
※咚！
啊！
※轟
※砰、噹
※嗖、唰
※咚嘎！

ボン
ボン
ボン
ボン
※砰、砰、砰、砰
ファーン
ファン
ファン
※喔咿喔咿
ダダ
※噠噠
柯南，你們沒事吧？
咦？
怎、怎麼回事？

最後所有的犯人都被逮捕了。
5-B
POLICE
POLICE
哥哥你沒事，太好了！
謝謝你，你做得很好！
分解並理解……
依序思考……
程式設計和推理還真是有點像呢……
後來，山雀先生為了感謝大家把他救出來，還開了一堂程式設計課。
程式設計
積木
角色
•組合
指令
腳本區

用「函式積木」讓程式更清楚易懂

這次的鸚鵡程式連接了許多積木而無法完整顯示在腳本區，像這種程式就用「函式積木」功能來整理吧！

試著整理程式

把幾個積木指令整合成一個積木並「定義」，可以整理腳本，也比較容易理清思緒喔！

1 點擊積木面板最下方的「建立一個積木」按鈕

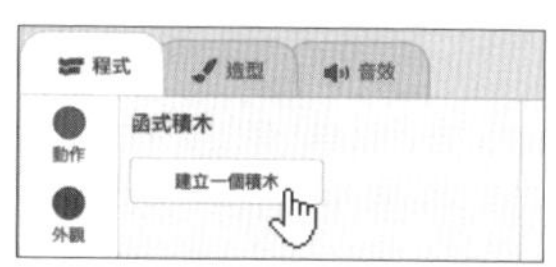

這是「函式積木」類型的積木，但在建立之前，按鈕上只會顯示「建立一個積木」。建立方法和變數一樣（101頁），需要為積木命名。

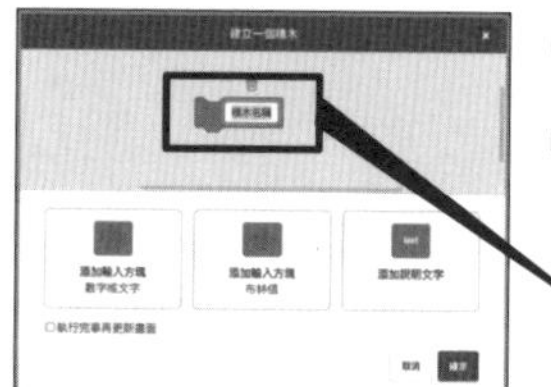

2 開啟「建立一個積木」的視窗，輸入積木名稱

在「積木名稱」欄位輸入容易了解的名稱，再點擊視窗右下方的「確定」按鈕。

「定義」的作用
就是為功能命名，
如「飛行」，
使其更容易理解。

3 積木面板與腳本區會出現兩個積木

出現在積木面板中的是「呼叫積木」，而腳本區的是「定義積木」。如左頁所示，這兩個積木會連動，而且各有不同的功能。

4 組合「判斷終點」積木

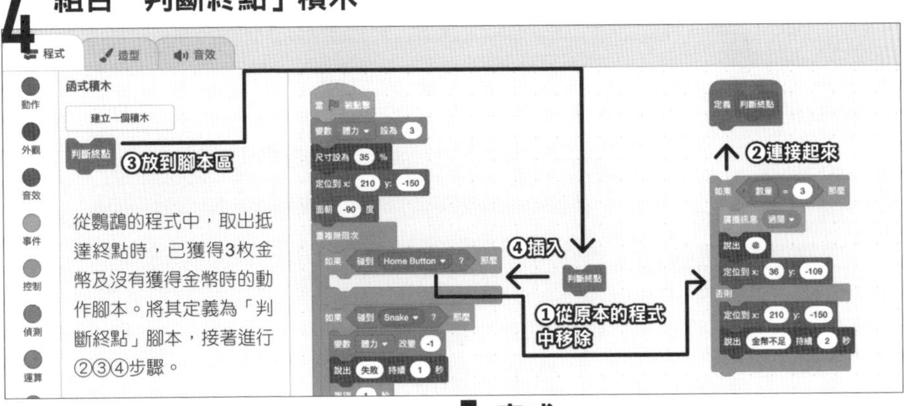

從鸚鵡的程式中，取出抵達終點時，已獲得3枚金幣及沒有獲得金幣時的動作腳本。將其定義為「判斷終點」腳本，接著進行②③④步驟。

⬇ 完成

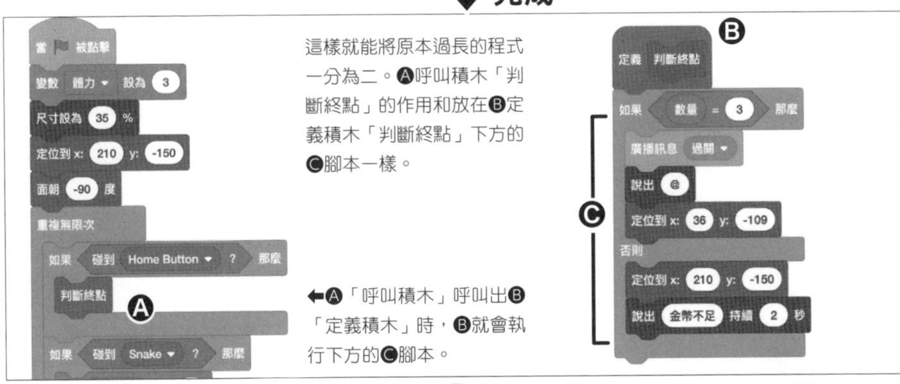

這樣就能將原本過長的程式一分為二。Ⓐ呼叫積木「判斷終點」的作用和放在Ⓑ定義積木「判斷終點」下方的Ⓒ腳本一樣。

⬅Ⓐ「呼叫積木」呼叫出Ⓑ「定義積木」時，Ⓑ就會執行下方的Ⓒ腳本。

5 再建立一個積木能讓程式更簡潔

我們還可以針對當鸚鵡碰到蛇之後，體力減1，體力歸0就回到起點的「失敗」腳本建立呼叫／定義積木。

◯定義積木的優點？

定義積木的優點不光是讓程式容易看懂，利用「定義」整理積木，比較方便修改程式，也可以減少看錯等疏失。習慣程式設計之後，請一定要試試看。

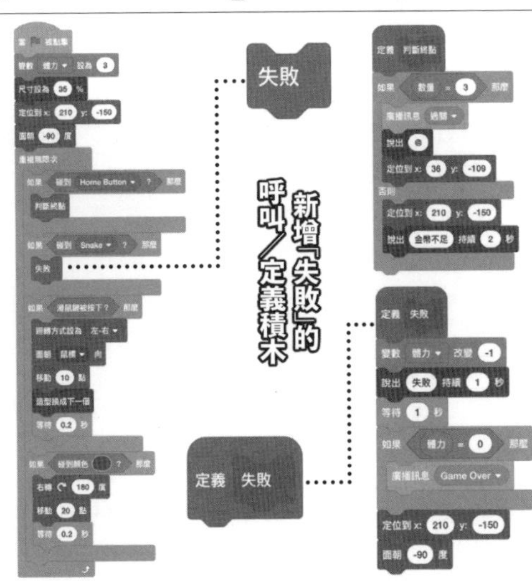

在程式加上音效

Scratch提供超過300種音效，包括樂器聲、動物叫聲等。紫色的音效積木用法很簡單，來試試看吧！

加上鸚鵡拍動翅膀的聲音

這次製作的遊戲主角鸚鵡會做出各種動作，如果加上音效就更有趣了！我們先從拍動翅膀的聲音開始吧！

1 點擊鸚鵡角色的「音效」標籤

2 接著點擊下方的音效圖示

3 開啟「範例音效」視窗，選擇你想使用的音效。

音效名稱雖然是英文，但是只要點擊圖示右上方的三角形，就能試聽。視窗上方還有「動物」、「滑稽」等按鈕，可以透過類別篩選音效。

⬆點擊之後，在鸚鵡原本的音效「Bird」下方就會新增剛才選擇的音效圖示。

4 可以使用所選音效的積木

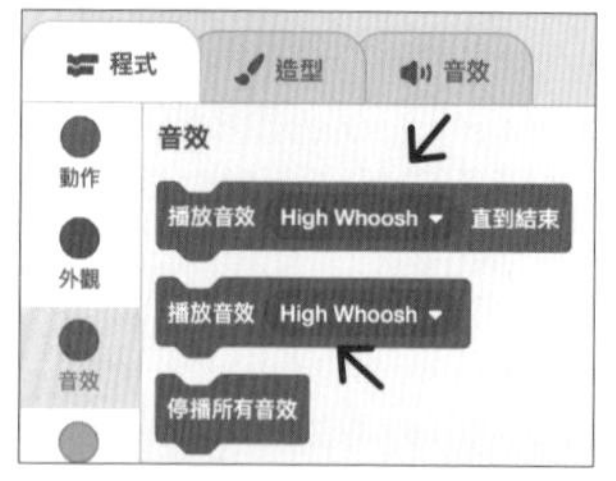

增加音效之後，該音效名稱就會出現在音效積木中。音效積木包括「播放音效⬭」、「音量改變⬭」。

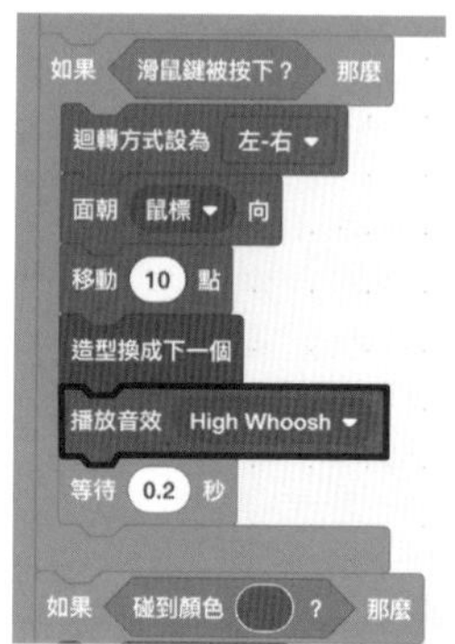

⬆播放拍動翅膀音效的積木請放在「造型換成下一個」積木的下方。

5 將拍動翅膀的音效積木加到鸚鵡的程式中

把音效積木加到點擊滑鼠時的積木中，鸚鵡就會發出「啪噠啪噠」拍動翅膀的聲音。

撞到牆壁時發出叫聲！

1 確認原本內建的鸚鵡音效「Bird」

使用鸚鵡角色原本內建的叫聲。首先，點擊「音效」標籤。

2 取出「播放音效⬭」積木

把「播放音效⬭」積木拖放到腳本區，點擊「⬭」之後，選擇「Bird」。

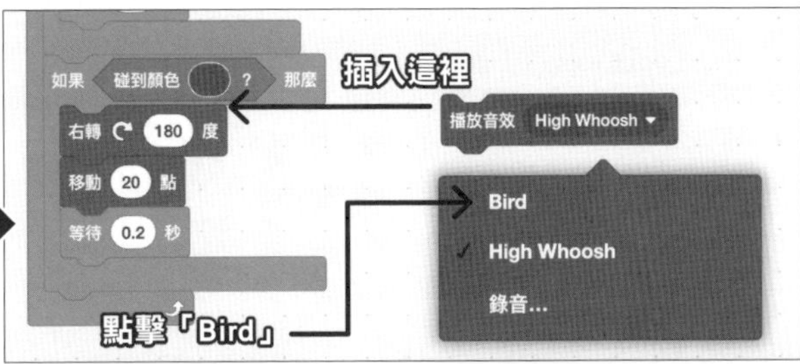

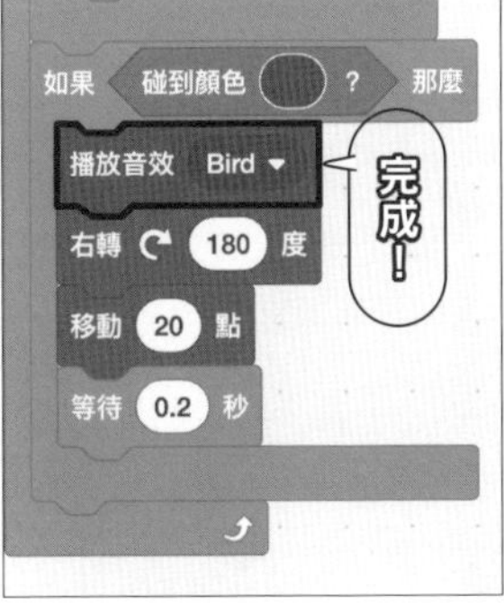

3 碰到牆壁反彈時發出叫聲！

如左圖，把音效積木插入「如果碰到顏色紅色」的下方，當碰到紅色線條時，就會發出叫聲！聽到這聲音會覺得鸚鵡很可憐，應該會想避免讓鸚鵡撞到牆壁吧？

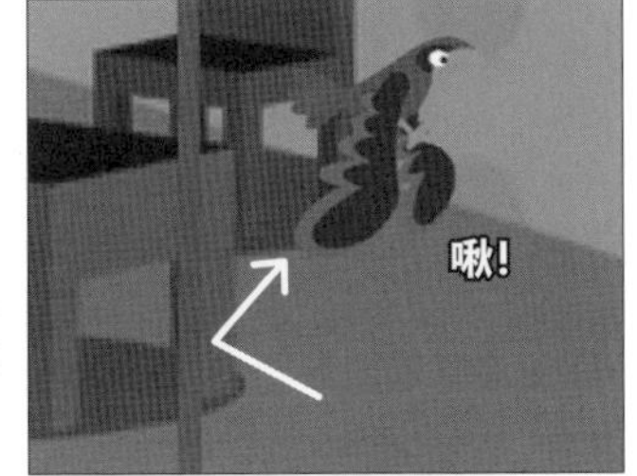

啾！

建議為遊戲加上音樂

試著在遊戲的過程中，播放「Video Game 1」。在背景的腳本中，按照以下方式增加積木，點擊旗幟之後，就會持續播放該音效。

加上音效之後，感覺就像專業的遊戲了吧！

公開你設計的程式

有了Scratch的帳號，就可以公開自己的作品，也能改編別人的作品。這兩種方法在進行程式設計時，都能幫助學習。

⬆在這裡輸入標題

公開＝「分享」超簡單！

把作品公開在Scratch的網站上稱作「分享」。看到作品的人可能會提供評論或建議。

1 點擊「分享」按鈕

完成作品之後，在畫面上方的欄位輸入標題，接著點擊「分享」按鈕就完成了。

2 說明你分享的作品

分享之後，會出現右邊的畫面，看見作品的人也會看到相同的畫面，請在此說明並介紹你的作品。

❶輸入作品名稱。
❷在此欄位可以介紹作品的操作方法，如說明按下哪個按鍵會發生什麼情況。
❸在這裡說明這個作品是如何製作的。如果經過改編（參考左頁），務必註明原作名稱和作者姓名。
❹這裡是讓看過作品的人寫下意見或建議的地方。當你對某個人的作品發表評論時，可以指出作品的優點，或提出改進之處。
❺這裡會顯示其他人對作品的評論。可以了解別人有何反應。

⬆在畫面上方的選單中，點擊帳戶名稱，在清單中選擇「我的東西」。

⬇在「我的東西」中，已分享的作品會顯示「取消分享」按鈕。只要點擊，就可以變成不公開。

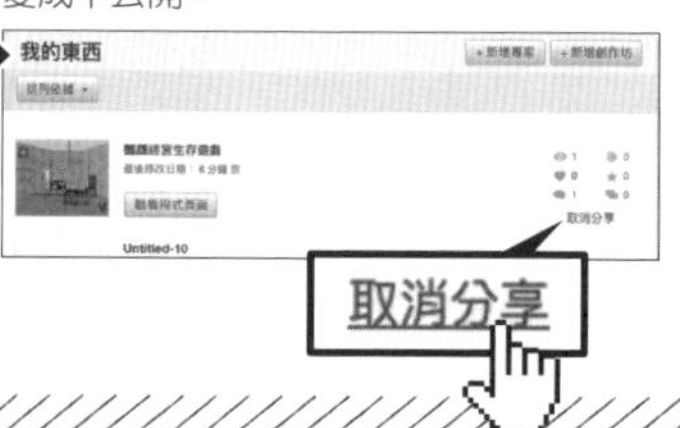

3 隨時可以取消「分享」

分享很簡單，取消分享也不難。如左所示，打開「我的東西」清單，點擊「取消分享」，就可以恢復成不分享的狀態。

改編已經「分享」的程式

選擇已經分享的作品，修改之後，可以當作「改編作品」來分享。修改別人設計的程式，也是快速提升程式設計技巧的捷徑。

1 選擇想「改編」的作品

在Scratch網站上點擊你喜歡的作品，將其打開。搜尋作品的方法有很多種，例如透過關鍵字搜尋作品。

2 點擊該程式的「改編」按鈕

打開作品後，畫面上方會出現綠色的「改編」按鈕，請點擊該按鈕。「改編」是Scratch的功能名稱，可以複製別人的作品，改造成新作品。

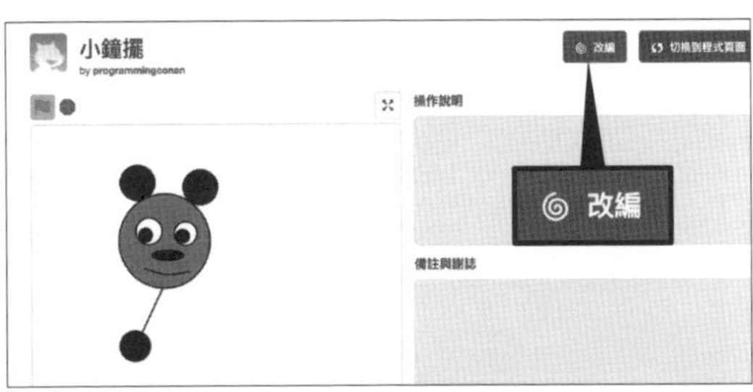

3 改編後的程式會新增到「我的東西」

開啟「我的東西」頁面，可以看到加入了標題為「（原始作品名稱）remix」的複製作品！

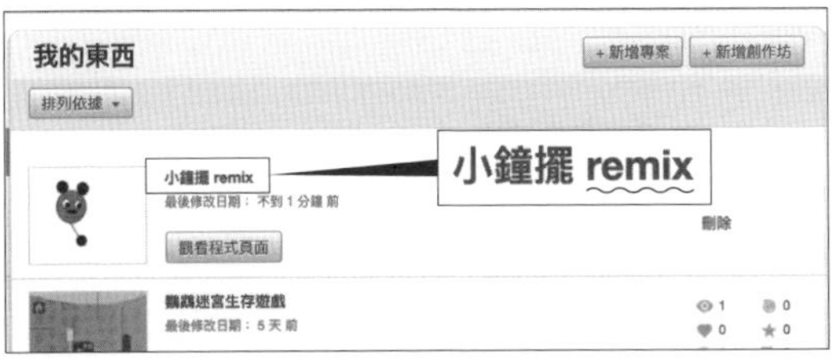

「分享」、「改編」時的注意事項

發表評論時，請尊重對方，不要說謊或惡意批評。換句話說，要和與朋友相處時一樣，注意避免讓看到評論的人感到不愉快！

觀摩別人設計的程式
也能學到很多技巧喔！

鸚鵡迷宮生存遊戲

完整程式全揭露

接下來的五頁將介紹漫畫中製作的所有角色與背景的完整程式。如果在製作遊戲的過程中發生問題，可以參考這裡的程式。

鸚鵡（Parrot）的程式

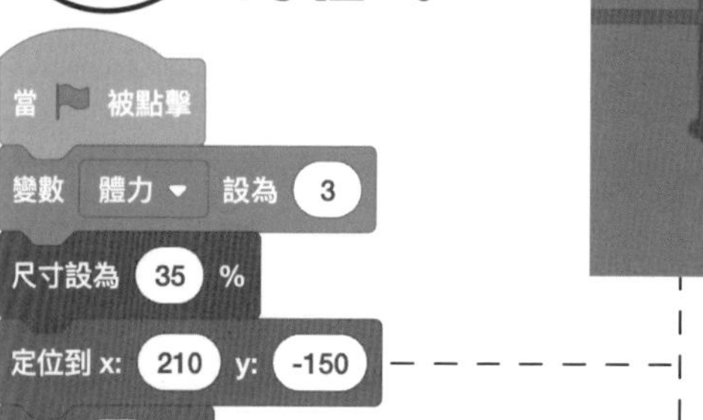

這兩個動作積木是用來決定開始時鸚鵡的位置與方向。在Scratch中，「-90度」的方向是朝「左」（請參考第9頁）。由於鸚鵡是以舞台左上方的終點「家」（Home Button）為目標，所以用這個積木讓鸚鵡面向左邊。

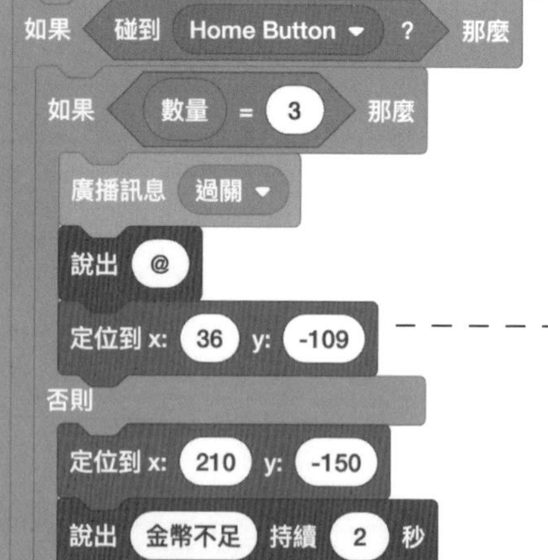

判斷終點的部分

這是過關之後鸚鵡的座標

遊戲過關後，利用這個積木將鸚鵡移動到舞台中央下方的位置，以避免遮住訊息。這樣做是為了讓鸚鵡的台詞「@」可以接近解讀訊息的關鍵。

接下來的程式請見左頁！

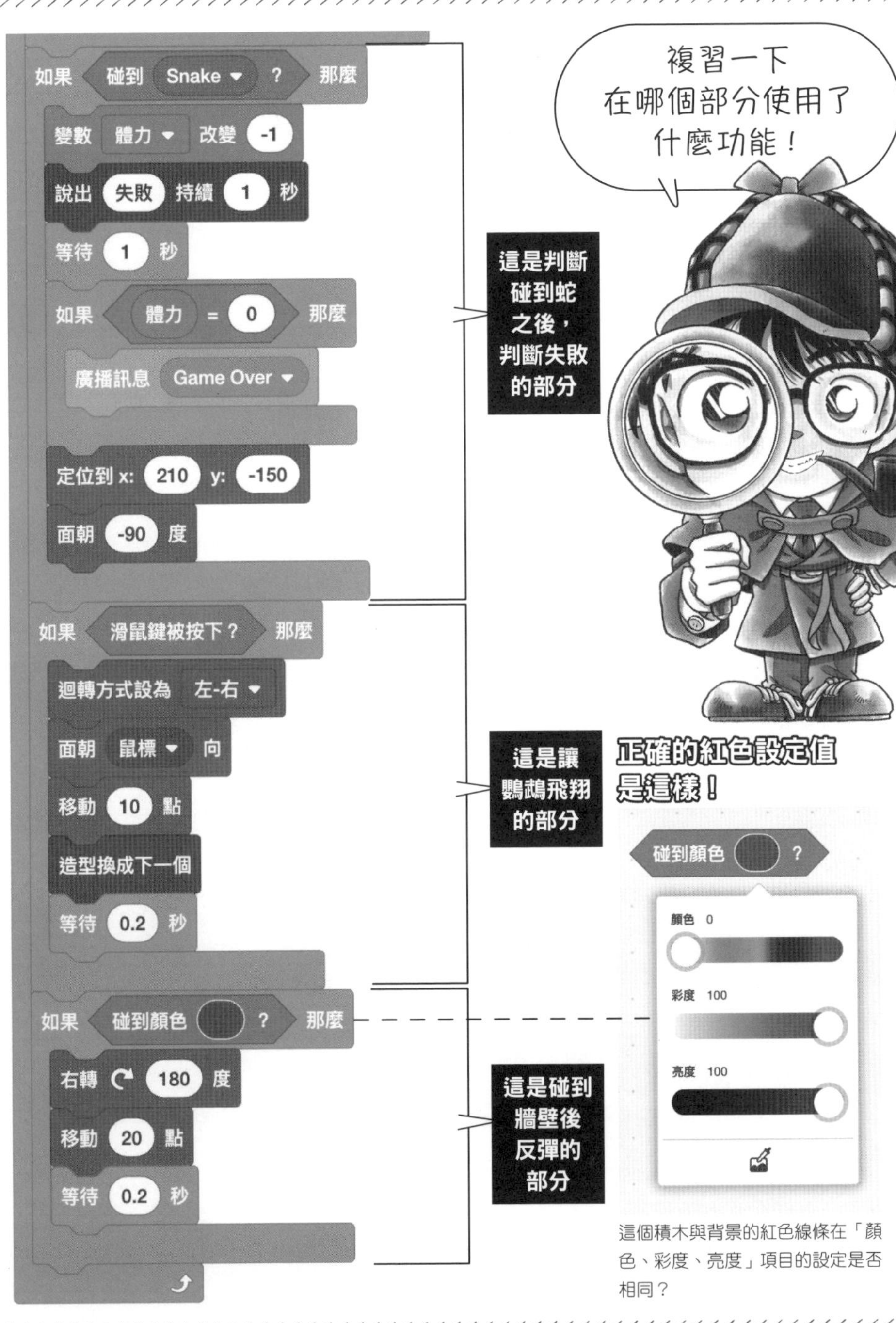

這個積木與背景的紅色線條在「顏色、彩度、亮度」項目的設定是否相同？

蛇（Snake）的程式

```
當 🏴 被點擊
顯示
尺寸設為 (40) %
迴轉方式設為 [左-右 ▾]
定位到 x: (-200) y: (0)
建立 [自己 ▾] 的分身
定位到 x: (100) y: (90)
建立 [自己 ▾] 的分身
定位到 x: (-60) y: (-80)
建立 [自己 ▾] 的分身
隱藏
```

在漫畫中，設定蛇的角色時，已經將尺寸設定為40%，但是為了避免因某些狀況而改變大小，請再加入這個外觀積木。

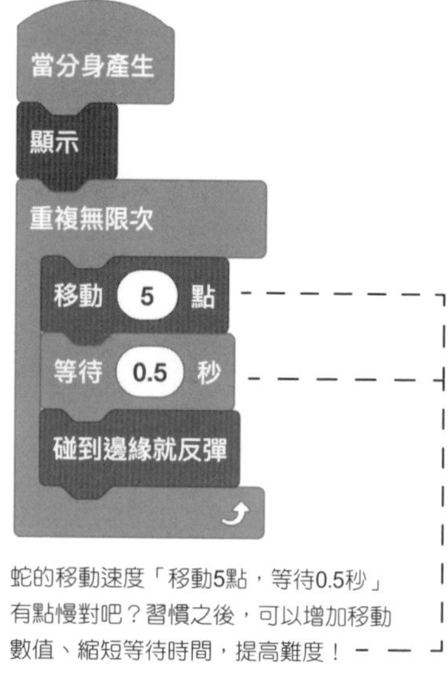

```
當分身產生
顯示
重複無限次
    移動 (5) 點
    等待 (0.5) 秒
    碰到邊緣就反彈
```

蛇的移動速度「移動5點，等待0.5秒」有點慢對吧？習慣之後，可以增加移動數值、縮短等待時間，提高難度！

```
當收到訊息 [過關 ▾]
隱藏
```

過關時，要把蛇等角色隱藏起來★

體力 3 數量 3

@＃＃＊＃@％＊＃＊％＊％
堅持不懈！盡力過關！
大港的渡口，蒼鷹環繞！酷哥
％@＊＃@＃@＊＊＃@％

好不容易過關，蛇卻還照樣動來動去，這樣很奇怪吧！請利用「隱藏」積木，在過關之後，把蛇和「家」一起隱藏起來。

★其實應該連「體力」、「數量」等變數都隱藏起來，但是解釋起來太冗長，所以這裡省略不提。當然，這些都可以隱藏，請想一想該怎麼做吧！

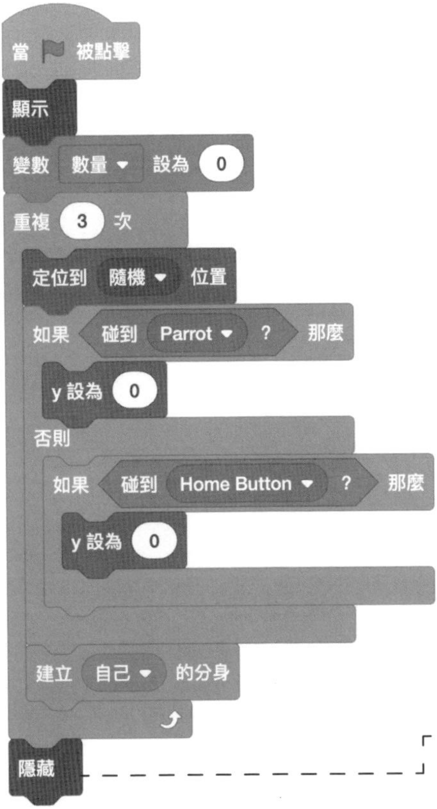

```
當 🏁 被點擊
顯示
變數 數量 ▾ 設為 0
重複 3 次
  定位到 隨機 ▾ 位置
  如果 <碰到 Parrot ▾ ?> 那麼
    y 設為 0
  否則
    如果 <碰到 Home Button ▾ ?> 那麼
      y 設為 0
  建立 自己 ▾ 的分身
隱藏
```

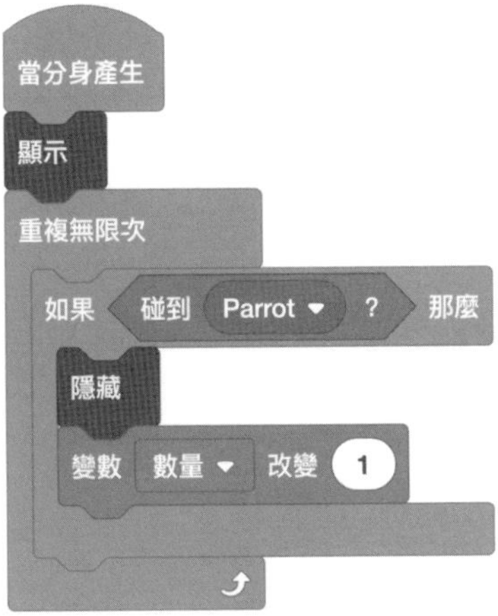

```
當分身產生
顯示
重複無限次
  如果 <碰到 Parrot ▾ ?> 那麼
    隱藏
    變數 數量 ▾ 改變 1
```

金幣（Coin）的程式

隱藏分身的本體

在這個程式中，原始的金幣會重複執行三次「隨機建立分身」。即使被鸚鵡碰到也不會消失，因此要設定當任務結束後就消失。

家（Home Button）的程式

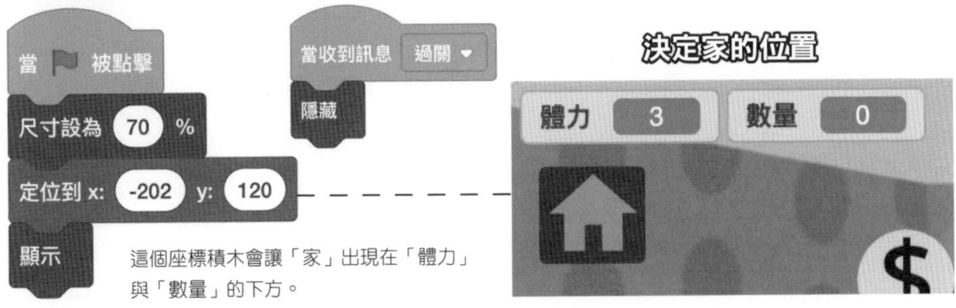
當 被點擊
尺寸設為 70 %
定位到 x: -202 y: 120
顯示
當收到訊息 過關
隱藏
決定家的位置
體力 3
數量 0

這個座標積木會讓「家」出現在「體力」與「數量」的下方。

Game Over 的程式

Game Over

控制積木「停止全部」可以改為「停止這個程式」或「停止這個物件的其它程式」。

當收到訊息 Game Over

顯示

停止 全部

背景（Room 2、Party）的程式

當 被點擊

背景換成 Room 2

「背景換成 ◯」積木可以顯示狀況改變，所以在其他程式中也請多加利用。

當收到訊息 過關

背景換成 Party

鸚鵡迷宮生存遊戲 遊戲玩法複習

①點擊綠旗，開始遊戲。

②將游標移到鸚鵡附近，邊點擊邊移動鸚鵡。

③邊避開蛇，邊消除金幣（被鸚碰到就會消失），並朝著「家」前進。當3枚金幣全部消失後，鸚鵡到「家」即過關。

④如果碰到蛇，預設值為3的「體力」會減少1，鸚鵡會回到起點。當體力降為0時，遊戲結束。

⑤如果還沒消除所有金幣就碰到「家」也無法過關，會被送回起點。

⬆盡量讓鸚鵡繞到蛇的背後，不要出現在蛇的行進方向上，是避免碰到蛇的關鍵技巧。

實用知識 程式設計 專有名詞

這裡整理了書中出現過，與程式設計及Scratch有關的專有名詞！

演算法
這是程式設計中，為了達成目的，而將指令適當組合在一起的步驟。

分享 ●
在Scratch的網站上公開自己設計的作品（專案）。

分身 ●
這是指複製角色的功能，或者是複製角色本身。

造型 ●
這是指改變角色外觀的另一種影像。

登入★1
輸入用戶名稱與密碼，以使用Scratch等網路服務。

腳本★2
本書是指由幾個積木組成的小型程式。

舞台 ●
這是顯示、移動多個角色的地方，也可以加上背景。

角色 ●
在Scratch是指顯示在舞台上，可以移動的人物或圖形影像。

背景 ●
這是在舞台上，顯示於角色後方的影像，Scratch提供許多選項可以選擇。

改編 ●
修改別人製作的專案以建立新的專案。

點陣圖模式／向量模式 ●
這是指背景或造型的繪製方式。向量模式的優點是放大後畫面不會失真。如果是顯示為「轉換成點陣圖」，代表目前是向量模式。

瀏覽器
這是指瀏覽網頁時使用的應用程式。其中「Chrome」與「Safari」在電腦與平板電腦上都支援Scratch。

流程圖
這是使用符號畫出來的圖表，用來顯示執行程式的「流程」或「條件」。

專案 ●
這是指在Scratch製作的遊戲等程式，意思是Scratch的「作品」。

訊息 ●
這是可以讓角色以及背景互相收送指令的功能。

★1 登入的反義詞是「登出」。 ★2 Scratch通常將程式稱作「腳本」。
※有標示●的是Scratch的專有名詞。

GOAL

迎向你的未來！

成為開發程式與APP的工程師!?

雖然玩遊戲很有趣，但熱愛遊戲的你，難道不想設計遊戲，讓大家為了你的遊戲瘋狂嗎？

成為動畫或音樂的創作者!?

數位技術已經成為影像與音樂創作中不可缺少的重要元素。喜愛動畫與音樂的你更應該學習數位創作！

成為打造、規劃服務的創業家!?

※VR APP 發表會

如果你擁有領導能力，率領一群工程師與創作者，創造出驚豔全世界的作品也很不錯吧！

讓監修本書的「Life is Tech」帶你走向Scratch的未來！

透過這本書接觸到Scratch的你，或許就像左邊的骰子遊戲所示，已經打開了通往讓人充滿期待的未來大門。

要不要參加Life is Tech為國、高中生規劃的程式設計營隊或課程，進一步探索更深奧的程式設計世界呢？

致讀者

Life is Tech!®

Life is Tech（股）公司

以「盡可能發掘每位國、高中生最大潛能」為使命，提供日本全國眾多學校及學生使用的雲端資訊教材「Life is Tech! Lesson」，並舉辦日本國內規模最大的程式設計營隊與課程。與迪士尼合作的程式設計學習教材「迪士尼Technology魔法學校」等。自2010年創立以來，已為超過100萬人提供數位教育。

※此課程服務僅限日本國內提供，網站為全日文，僅供參考。

用程式設計 拓展！擴大！ 夢想大富翁

程式設計不僅有趣，認真學習還能為你開啟通往理想職業的大門！

START
愛上程式設計！
透過本書接觸到程式設計！
用Scratch創造自己的作品！
變得想更深入學習程式設計

在Life is Tech學習程式設計！

在國中或高中學習程式設計！

⬆在東京、大阪、名古屋等地舉辦營隊與課程！

⬇遇到同樣熱愛程式設計的夥伴！

結交程式設計的夥伴！

找到想用程式設計製作的東西！

Life is Tech官方網站
https://life-is-tech.com/

精通程式設計！

※此課程服務僅限日本國內提供，網站為全日文，僅供參考。

名偵探柯南的
程式設計入門 ： Scratch 3

原作● 青山剛昌
漫畫● 松田辰彥
監修● Life is Tech（股）公司
企劃・撰文● 若山由樹（Production Beijyu）
封面・內文設計● KUMAGAI GRAPHICS、熊谷憲治
插圖● 杉山真理
圖像● 阿部義記
製作● 酒井Kawori
日文版編輯● 藤田健一
翻譯● 吳嘉芳

製作授權公司｜台灣小學館股份有限公司
總經理｜齋藤滿　產品管理｜黃馨瑝
繁體中文版責任編輯｜李宗幸
繁體中文版美術編輯｜蘇彩金

發 行 人：廖文良
發 行 所：碁峰資訊股份有限公司
地　　址：台北市南港區三重路66號7樓之6
電　　話：(02)2788-2408
傳　　真：(02)8192-4433
網　　站：www.gotop.com.tw
書　　號：ACK020800
版　　次：2025年08月初版
建議售價：NT$350

國家圖書館出版品預行編目資料

名偵探柯南的程式設計入門 ： Scratch 3 / 青山剛昌原作； 松田辰彥漫畫；吳嘉芳翻譯. -- 初版.
-- 臺北市：碁峰資訊股份有限公司, 2025.08
面； 公分. --

ISBN 978-626-425-114-3（平裝）
1.CST: 電腦教育 2.CST: 電腦遊戲 3.CST: 電腦動畫設計 4.CST: 中小學教育
523.38　　114007760

本書是根據寫作當時的資料撰寫而成，日後若因資料更新導致與書籍內容有所差異，敬請見諒。若是軟、硬體問題，請您直接與軟、硬體廠商聯絡。